VERSTÄNDLICHE WISSENSCHAFT

ACHTUNDZWANZIGSTER BAND

ERDÖL

VON

K. KREJCI-GRAF

BERLIN · GÖTTINGEN · HEIDELBERG

SPRINGER-VERLAG

ERDÖL

NATURGESCHICHTE EINES ROHSTOFFES

VON

K. KREJCI-GRAF

FRANKFURT/M.

ZWEITE UMGEARBEITETE AUFLAGE

6.–11. TAUSEND

MIT 32 ABBILDUNGEN

BERLIN · GÖTTINGEN · HEIDELBERG

SPRINGER-VERLAG

Herausgeber der Naturwissenschaftlichen Reihe
Prof. Dr. Karl v. Frisch, München

ISBN 978-3-642-86622-7 ISBN 978-3-642-86621-0 (eBook)
DOI 10.1007/978-3-642-86621-0

Softcover reprint of the hardcover 2nd edition 1955

Vorwort

Erdöl ist eines der wichtigsten Massengüter. Im Jahre 1954 betrug die Weltförderung von Erdöl rund 680754000 t. Davon entfielen auf die Vereinigten Staaten 311800000 t, auf Deutschland 2690000 t.

Die Energie-Erzeugung der Welt beruht zu 45% auf Kohle, zu 35% auf Erdöl, zu 13,4% auf Erdgas, zu 6% auf Hydro-Elektrizität.

60 Millionen Kraftfahrzeuge, die ganze Luftfahrt, mehr als die Hälfte aller Schiffe u. a. m. hängen von Brennstoffen und Treibstoffen ab, die aus Erdöl oder Erdgas erzeugt werden.

An der Spitze der erdölfördernden Staaten stehen die Vereinigten Staaten von Amerika mit 46%. Ungeheuere Vorräte an Erdöl finden sich im Mittleren Osten. Der ferne Osten, Australien und Afrika fördern nur sehr geringe Mengen in randlich gelegenen Gebieten.

Die ungleiche Verteilung des Erdöls hat ihren Grund in der Entstehung des Erdöls in Gesteinen, die sich nur unter besonderen Bedingungen bilden. Wer annehmen will, daß sich Erdöl unter *allen* Bedingungen bilden kann, wird erklären müssen, warum es so vielen Gebieten fehlt.

Die Erdölsuche schreitet in immer entlegenere Gegenden und in immer größere Tiefen fort; sie wird immer teurer. Jedes Hilfsmittel, das erlaubt, unnütze Bohrungen zu vermeiden, muß da willkommen sein. Jede entdeckte Beziehung zwischen Erdöl und Gestein kann zu neuen Funden führen. Ablagerungskunde und Geochemie lehren uns solche Beziehungen erkennen. Diese Spuren mit allen wissenschaftlichen Mitteln weiter zu verfolgen, kann für die Praxis von außerordentlicher Bedeutung werden. Allerdings erfordern solche Forschungen finanzielle Mittel in einem Ausmaß, wie sie nur die Industrie geben kann. Solche Ausgaben würden aber gewiß ihre Zinsen tragen.

Eine Arbeitsgemeinschaft, die solche Beziehungen suchte und deren bedeutendstes Mitglied *V. M. Goldschmidt* war, ist durch den Krieg und seine Folgen zerstört worden. In dem Bestreben, eine solche Gemeinschaft wieder aufzubauen, bitte ich um Mitarbeit, Kritik und Rat, besonders aber um Material für weitere Forschungen.

Die Erdöl-Technik ist in Folgendem nur kurz gestreift. Werke darüber sind in dem Schriftenverzeichnis S. 159 angeführt.

Für kritische Durchsicht des Manuskripts bin ich den Herren Prof. Dr. *A. Bentz*, Prof. Dr. *K. v. Frisch*, Dr. *Franz Hecht* und Dr. *F. Bettenstaedt* sehr zu Dank verpflichtet, letzterem noch ganz besonders für die Neubearbeitung des Abschnittes über die Ölsuche.

Frankfurt am Main, Februar 1955

Geologisch-Palaeontologisches Institut der Universität

Karl Krejci-Graf

Inhaltsverzeichnis

Druckfehlerberichtigung

Auf Seite 116, 3. Zeile von unten, soll es statt „Schwefel" „Sulfate" heißen.

Einleitung

Historisches. Bekannt waren Erdöl und verwandte Stoffe (Bitumina: Erdteer, Erdpech = Asphalt, Erdwachs = Ozokerit) schon seit Urzeiten. In der Altsteinzeit Mesopotamiens wurden scharfrandige Stücke von Feuerstein oder Obsidian in Asphaltgriffe gekittet und vermutlich als Sicheln verwendet. Pfahlbauern kitteten mit Asphalt Steinwerkzeuge an Holzstiele und Ornamente aus Birkenrinde oder Perlen auf Gefäße. — Die Sumerer verwendeten Asphalt im Straßen- und Wasserbau. Ägypter und Peruaner verwendeten Erdpech bei der Herstellung der Mumien. Ägypter, Babylonier (I. Mos. 11, 3), Azteken und Peruaner der Vor-Inka-Zeit nahmen Erdpech als Mörtel; die Alt-Peruaner benutzten es auch, um Tongefäße wasserdicht zu machen. Uralte babylonische Sagen erzählen von Erdpech: In der Sintflut-Sage des Gilgamesch-Epos wird die Arche mit Erdpech gedichtet (I. Mos. 6, 14); die Mutter Sargons I. setzt ihr Kind in einem mit Erdpech gedichteten Binsenkörbchen im Fluß aus (II. Mos. 2, 3). — Später erzählen jüdische und arabische Sagen vom Erdöl: Der Feuerofen, in den Schadrach, Meschach und Abed-Nego geworfen werden, ist mit Naphtha geheizt (Daniel 3, 46 Vulg. = 3,22 bis LXX; fehlt im hebräischen Text). — Nehemia läßt ein „dickes Wasser" genannt (LXX: τοῦτο; Vulg.: locum) *Nephthar*, über Holz und Opfer gießen und als die Sonne „heraufgekommen war und die Wolken vergangen, da zündete sich ein großes Feuer an" (II. Makk. 1, 20—36; vergl. I. Kön. 18, 34—38). — Im Targûm Scheni zu Esther gibt die Königin von Saba dem Salomon folgendes Rätsel auf: „Staub von der Erde wird ausgegossen wie Wasser und erleuchtet das Haus"; Salomon antwortet: „Naphtha". — Auch vom Alexanderzug wird Erdöl und Erdgas erwähnt. — Griechisches Feuer wird wohl zuerst von Plinius (Historia naturalis II, 104) bei der Belagerung von Samosata erwähnt. Später hatte Byzanz Flammenwerfertruppen und Brander, die mit Erdöl arbeiteten. — Nach chinesischen Berichten wird in Tzeliutsin in Szetshwan schon seit 2000 Jahren in den Feuerbrunnen (Ho Tsin) neben Salzsole auch Erdgas und etwas Erdöl gewonnen.

Die älteste deutsche Sage über Bitumen ist wohl die Dirschen-Sage (um 860): Um 500 kam der Riese Haymo auf der

Abb. 1. Kampf zwischen THYRSUS und dem Ritter HAYMO. Wandmalerei aus dem Jahre 1537, am „Riesenhaus" zu Reith in Tirol, wo THYRSUS geboren sein soll. (Von der Ichthyol-Gesellschaft zur Verfügung gestellt.)

alten Römerstraße ins Inntal. In Leiten, zwischen Seefeld und Zirl, kam es zum Kampf mit dem riesigen Bauern Thyrsus, der sich mit einem Baumstamm gegen den gepanzerten Ritter wehrte (Abb. 1). Tödlich verwundet tränkte Thyrsus die Erde mit seinem Blut mit den Worten: „Spritz Bluet, sei für Viech und Leut guet". Haymo sühnte den Mord als Eremit in Wilten. Als er einst beim Essenkochen in der Feuergrube ein dickes Öl fand, strich er es auf eine Wunde seiner Hand und diese heilte. Da dachte er der Worte des Thyrsus und nannte das Öl „Dürschenblut". Heute nennen wir es „Ichthyol".

Erklärungsversuche der Erdölentstehung. Fast so alt wie die Kenntnis der Bitumina sind auch die Versuche, ihre Entstehung zu erklären. Alles nur Erdenkliche wurde bereits behauptet: Abstammung aus dem Erdinneren; Regen aus dem Weltraum; Einpökelung von Tieren und Pflanzen in Salzlaugen; Einfrieren von Leichen in Eis; Zusammenschwemmung von Leichen in Riesenfluten oder beim Auftauchen von Festländern; geheimnisvolle Wirkungen radioaktiver Strahlen; und so weiter bis zur Abstammung von Walfisch-Urin.

Je phantastischer ein Erklärungsversuch ist, um so interessanter ist er dem Laien, um so weniger interessant dem Wissenschaftler. Der Wissenschaftler sucht das durch Beobachtungen belegte Beweisbare. Die dem Laien neuen, interessanten Phantasien sind, samt ihren Widerlegungen, den Wissenschaftlern meist lange bekannt und werden daher ignoriert. Darin liegt eine Gefahr für die Wissenschaft: der Laie glaubt mehr zu wissen als der „Zünftige".

Der Vorgang naturwissenschaftlicher Erforschung. Die Entwicklung der Fragen um Vorkommen und Entstehung des Erdöls gibt ein gutes Beispiel für den Gang naturwissenschaftlicher Forschung. *Nach-Denken* dieser Entwicklung wird es klarmachen, warum ganze Gruppen von Erklärungsversuchen eine nach der anderen wegfielen.

Um die Zusammenhänge kennen zu lernen, mußte das Erdöl an möglichst vielen Stellen genau studiert werden. Man findet eine große Zahl von Stoffen und Erscheinungen, die im *Einzelfall* mit dem Vorkommen des Erdöls verknüpft sind. Alle Stoffe und Erscheinungen, die nur an einer oder wenigen Stellen mit dem Erdöl zusammen vorkommen, an anderen Stellen aber nicht, nennen wir *zufällige* Begleiter oder Begleiterscheinungen. Nur das, was sich immer wiederholt, interessiert als gesetzmäßiger Zusammenhang.

I. Vorkommen des Erdöls

Die ölführenden Hohlräume. Das Öl findet sich in der Erde nicht in unterirdischen „Seen" oder „Adern", sondern es sitzt in den kleinen Hohlräumen (Poren) der Gesteine. Ein Sand besteht aus mehr oder weniger runden Körnern. Wie man diese auch zusammenschüttelt, stets bleiben zwischen ihnen Hohlräume (Abb. 2). Diese Hohlräume können mit Luft, Gas, Wasser, Erdöl usw. gefüllt sein. Bei Füllung mit Wasser können sich gelöste Stoffe ausscheiden, die Sandkörner verkitten, und die Poren ausfüllen; so entsteht ein Sandstein. Feste Gesteine können zerbrechen, die Klüfte können ebenfalls von Gas oder Flüssigkeit erfüllt sein. Riffkalke haben zur Zeit ihrer Entstehung größere Hohlräume (vugs), von denen ein Teil erhalten bleiben kann. Lösliche Gesteine können durch Verwitterung porös werden, und solche Porosität kann spätere Überlagerungen überdauern. Gesteine mit Hohlräumen aller dieser und noch anderer Art sind als Erdölträger („Erdölspeicher") bekannt.

Abb. 2. Ansicht der Bruchfläche eines deutschen Ölsandsteins. Weiß die Sandkörner, schwarz die Hohlräume. Die scheinbar freiliegenden Sandkörner sind über oder unter der Bruchfläche mit anderen Sandkörnern verkeilt. 20fache Vergrößerung.

Durch große Hohlräume bewegen sich die Flüssigkeiten leicht, durch kleine schwer und langsam. Wenn die Poren sehr klein werden, dann nimmt ein Stoff wohl noch Flüssigkeit auf, gibt sie aber bei gleichbleibenden Verhältnissen nicht mehr ab. So nimmt z. B. trockener Ton Wasser auf, aber der feuchte Ton ist wasserundurchlässig. Die Flüssigkeiten werden an der Oberfläche fester Körper als dünne Häutchen sehr fest gehalten (man kann ein feuchtes Tuch nicht trocken pressen). Diese festgehaltenen Häutchen haben eine Höchstdicke, die von der Beschaffenheit der beiden Materiale, von Druck und Temperatur abhängt. Wenn die Verbindungswege eines Gesteins nicht weiter sind als das Doppelte dieser Höchstdicke, so ist die Flüssigkeit unbeweglich. Sie kann dabei in größeren, aber abgeschlossenen Poren flüssig vorhanden sein. Erdöl ist zähflüssiger als Wasser und wird im Gestein in größeren Schichtdicken festgehalten als Wasser.

Eignung der Gesteine als Erdölspeicher

Wir suchen für unsere Erdölbohrungen Gesteine, die das Erdöl rasch abgeben, wie auch bei Wasserbrunnen eine rasche Wasserlieferung verlangt wird. Wir suchen also großporige Gesteine.

Das sind z. B. grobkörnige Gesteine, wenn die Poren nicht durch feines Material ausgefüllt sind: die Größe der Poren wird durch das feinste, in genügender Menge vorhandene Material bestimmt. Wenn ein Sand bei der Ablagerung gut eingerüttelt wurde, sind die Poren kleiner als die Sandkörner, bei rascher Ablagerung aber können sich die Sandkörner sperren und Gerüste bilden, welche Großporen überbrücken. Riff- und Lösungshohlräume sind meist groß, Klüfte sind über größere Erstreckung zusammenhängend.

Die Eignung eines Gesteins als Träger gewinnbaren Erdöls ist nicht aus den *Korngrößen* mathematisch ableitbar, weil Form und Lagerung der Körner zu berücksichtigen ist. Die Körner eines Sandes sind weder Kugeln noch gleich groß, noch sind sie regelmäßig angeordnet. Die Aufsaugefähigkeit für Wasser sagt nichts aus über die Abgabefähigkeit für Erdöl; von letzterer, und von der Schnelligkeit der Abgabe, hängt die Nutzbarkeit eines Erdölspeichergesteins ab. Kalke haben häufig große Hohlräume, die schon in den Riffen angelegt waren oder später durch Lösung entstanden; auch sind sie als feste Gesteine oft zerklüftet, und Bewegungen auf zusammenhängenden Klüften sind leichter als in den Engpässen zwischen den Poren der Sandkörner. Daher stammen die größten *Öl-Förderungen* per Tag, die wir kennen, aus Kalken: die Bohrung Cerro Azul 4 in Mexico gab 40000 t an einem Tag. In Sanden sind die höchsten bekannten Anfangsproduktionen nur etwa halb so hoch, in Sandstein noch niedriger.

Nicht die Hohlraumsumme (Porenvolumen) eines Gesteins ist maßgebend für seine Eigenschaften als Erdölspeicher; Ton hat ein sehr hohes Porenvolumen (um 40%) und ist ein schlechter Speicher, weil die Poren zu klein sind, um Öl abzugeben; verkittete Sandsteine mit großen Poren (z. B. Bradford-Sand) können bei 10% Porenvolumen sehr gute Speichergesteine sein. Nicht das Porenvolumen, sondern die Durchlässigkeit ist maßgebend. Man mißt sie in Millidarcy. Das Darcy ist die Flüssigkeitsmenge (von der Viskosität 1) in cm^3, die beim Druck 1 atü (1 kg/cm^2) in 1 sec durch den Querschnitt 1 cm^2 eines Gesteins befördert wird.

Wir sehen, daß die Förderung von Erdöl von der Beschaffenheit des Speichergesteins abhängt (außerdem von Druck, Temperatur usw.).

Gesteinsarten und Schichtung. Unter den Gesteinen unterscheiden wir die aus feurigem Fluß erstarrten Magma-Gesteine und die aus Ablagerungen des Wassers, Windes oder der Gletscher entstandenen Sediment-Gesteine. Die Magma-Gesteine haben meist (Laven ausgenommen) nur wenige und kleine Poren; Magma-Gesteine führen nur selten Öl.

Abb. 3. Sandbänke vor der brasilianischen Küste. Durch die „Illuft" vom Luftschiffbau Zeppelin erhalten.

Die Sedimente entstehen z. B. in *der* Weise, daß die von Wasser, Wind oder Eis mitgeführten Teilchen zu Boden sinken, oder daß die im Wasser gelösten Teilchen durch Verdunstung oder Einwirkung von Lebewesen ausgeschieden werden. Der Boden großer Gewässer ist abseits der Küste meist recht flach, daher entstehen bei solchen Ablagerungen Schichten in Gestalt von angenähert planparallelen Platten. Diese haben eine natürliche Grenze, z. B. an den Ufern der Gewässer; aber auch innerhalb der Gewässer gibt es Grenzen. Sande bleiben liegen, wenn die Wasserbewegung erlahmt; wir finden sie daher besonders an der Küste nahe an Flußmündungen und von da durch Strömungen längs der Küste verfrachtet (z. B. Nehrungen, in gleicher Weise aber auch unter

Abb. 4. Schrägschichtung im Watt bei Voslapp, Jade („Senckenberg am Meer", W. HÄNTZSCHEL phot. Juli 1935). Die schrägen Schichten liegen in ihrer ursprünglichen Lage; sie sind am Hang einer talartigen Rinne („Priel") abgelagert, darum liegen sie nicht waagrecht.

Abb. 5. „Kreuzschichtung". Stark nach links geneigt die ehemaligen Oberflächen der Sandbänke; sie werden abgeschnitten durch (ursprünglich waagrechte, jetzt leicht nach rechts geneigte) Einebnungsflächen. Jurazeitliche Schichten im Zion Canyon, Utah. Leica-Aufnahme, 1933.

dem Wasserspiegel, Abb. 3). Oft liegt vor der Küste ein Band von Inseln oder Sandbänken, die durch Tiefstellen voneinander getrennt sind; weiter gegen das Meer schließen tonige Ablagerungen an. Wenn nun ein solches Gebiet absinkt, so können sich über Inseln und Sandbänke Tone legen, so daß dann diese Sandbänke usw. als große Linsen zwischen Ton liegen. Aber auch in sich sind solche Sandmassen meist nicht einheitlich: Priele schneiden Täler in sie, und über diese unregelmäßigen Oberflächen legen sich oft Schichten von feinerem Sand oder Ton; so entsteht Schrägschichtung (Abb. 4); durch wandernde dünenartige Wälle entsteht Kreuzschichtung (Abb. 5), die stets wieder abgeschnitten und von anderen horizontalen oder schrägen Schichten überlagert wird.

Bei der Ablagerung liegen die Schichten (Schrägschichtung, bzw. Kreuzschichtung, sowie grobe Ablagerungen an Hängen ausgenommen) ungefähr waagrecht. Wassergetränkte feine Ablagerungen rutschen schon bei Neigungen von einem Grad. Sande und Schotter können, je gröber, desto steilere Hänge bilden, werden aber schließlich zwischen waagrechte Schichten eingeschlossen.

Gebirgsbildung. Die Sedimente bleiben nicht immer waagrecht liegen. Neue und andere Schichten überlagern die alten, und im Laufe von Jahrmillionen verfestigen Druck und Wärme die ursprünglichen Tone zu Tonsteinen, Sande zu Sandsteinen usw. Gleichzeitig beginnen sich meist die Schichten zu neigen, zu verbiegen und zu zerbrechen. Aus unbekannten Ursachen fließen tiefere Teile der Erdkruste dauernd oder zeitweise und nehmen die oberste Erdhaut mit. Wo diese oberste Haut aus starren Magma-Gesteinen besteht, bricht sie; was geschichtet ist, wie die Sedimente, kann sich falten (wie man ein Paket Karten biegen kann, ein gleich großes und gleich dickes Stück Pappe aber nicht).

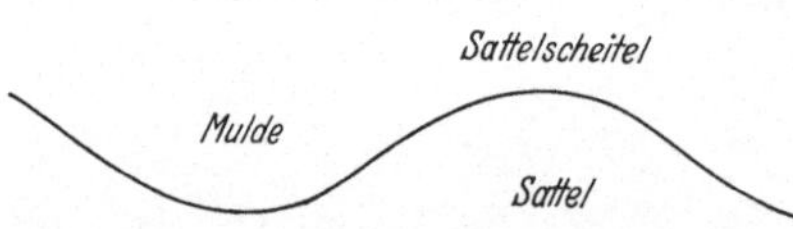

Abb. 6. Die Tiefstellen einer Falte heißen Mulden, die Hochstellen heißen Sättel, der höchste Teil des Sattels heißt Scheitel.

Auch diese Vorgänge spielen sich in großen Zeiträumen äußerst langsam ab.

Bei den Falten unterscheiden wir die hochliegenden Teile (Sättel = Antiklinen) von den tiefliegenden (Mulden = Synklinen). Die höchste Linie des Sattels heißt *Scheitel*, von da gehen die *Flanken* zum Muldentiefsten (Abb. 6). Zur Darstellung einer Falte wählt man einen lotrechten Schnitt (Abb. 7).

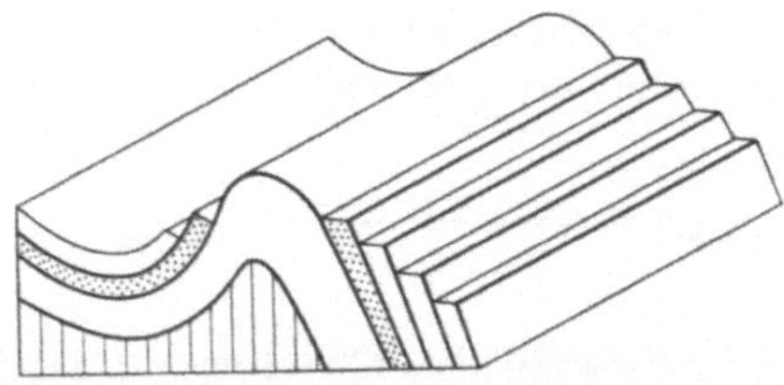

Abb. 7. Blockdarstellung einer Falte. Aus den gefalteten Schichten denkt man sich einen würfelförmig begrenzten Block herausgeschnitten. Gewöhnlich stellen Geologen und Bergleute nur Schnitte („Profile") dar, wie wir sie hier an der Vorderseite des Blocks zeigen. Zur Unterscheidung werden die einzelnen Schichten mit verschiedenen Zeichen versehen.

Erdöl in Schichtsätteln. Nehmen wir an, daß in einer solchen Falte eine grobporige Schicht (Sand, Sandstein, klüftiger Kalk) zwischen Ton liegt. Der Ton wirkt abdichtend, während in dem grobporigen Gestein die Flüssigkeiten leicht beweglich sind.

Abb. 8. Sattel gegenüber vom Bahnhof Câmpina, Rumänien. K. Hummel, phot. 1926.

Finden sich in dem grobporigen Gestein verschiedene flüssige Stoffe, so ordnen sie sich nach ihrer Dichte: zuunterst das Wasser, darüber das leichtere Erdöl, zuoberst Gas (Abb. 9).

Das waren die ersten Zusammenhänge, die man an den Erdölvorkommen erkannte. Die fündigen Bohrungen lagen oft in langen, bandförmigen Zonen, den Öllinien. Man fand, daß diese Zonen den Scheiteln von Antiklinen entsprechen, und kam so zur Antiklinaltheorie. Da die Sättel beschränkte Längenausdehnung haben, bilden die fündigen Bohrungen auf Sätteln oft Ellipsen.

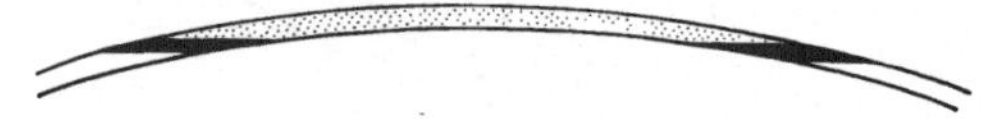

Abb. 9. Verteilung von Wasser (weiß), Erdöl (schwarz) und Erdgas (gepunktet) in einer Sandschicht. Die Dicke der Schicht ist im Verhältnis zur Länge hundertmal vergrößert.

Bald zeigte es sich, daß sich Erdöl nicht nur in Sätteln, sondern in den verschiedensten Bauformen findet, stets aber (evtl. zusammen mit Erdgas) in den höchsten Teilen der Schichten.

Erdöl in erhobenen Schichten aller Art. An der Erdoberfläche verhalten sich die meisten Gesteine spröde; sie widerstehen einer Beanspruchung solange bis sie brechen. Bei Druck (Zusammenschub) entstehen Scherflächen (Schubflächen), an denen die Gesteinsteile übereinander geschoben werden; die von Schubflächen begrenzten Körper nennt man „Schuppen“. Bei Zug entstehen echte Brüche; die so begrenzten Körper nennt man „Schollen“. Schuppen und Schollen liegen meist schräg; auch in ihnen findet man Erdöl an den höchsten Stellen der Schichten.

Zur Faltung ist es notwendig, daß die Gesteine nicht nur geschichtet sind und an einander gleiten können, sondern daß sie auch einer stetigen Formänderung fähig sind, d. h. sich plastisch oder flüssig verhalten. Unter der Überlagerung von einigen hundert Metern Gestein werden manche Gesteine (z. B. Salz und Gips, unter höherer Belastung auch Kalk) so stark plastisch, daß sie zu fließen beginnen. Bekannt ist diese Erscheinung von den Gletschern, in denen das sonst so harte, spröde Eis zu Tal fließt.

Steinsalz ist leichter als die anderen Gesteine (man darf nur nicht das Gewicht eines kompakten Salzkristalls mit dem *Raumgewicht* von Ton vergleichen). Wenn ein Sattel bis nahe an eine Salzschicht abgetragen wird und die Mulden mit neuen Sedimenten aufgefüllt werden, so hat das Salz unter dem Sattelscheitel den geringsten Überlagerungsdruck auszuhalten. Bei entsprechender Tiefe der Mulden und Dünne der Überlagerung im Scheitel fließt das Salz auf den Wegen des geringsten Widerstandes im Laufe

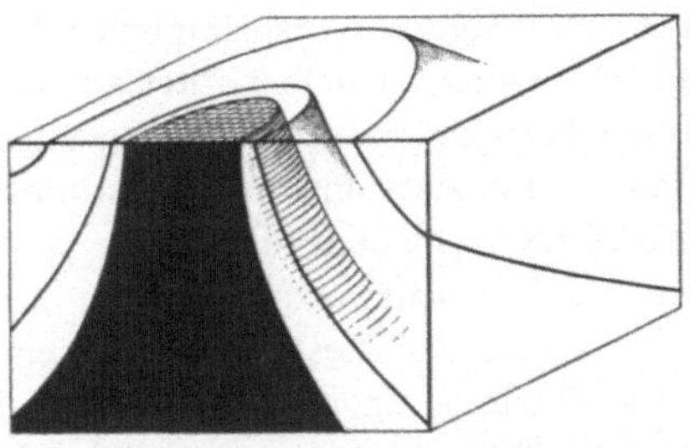

Abb. 10. Blockdarstellung eines Salzstockes (schwarz) mit Umhüllung; von der Umhüllung sind nur 2 Schichtflächen gezeichnet und zwar so, als ob sie durchsichtig wären.

langer Zeit gegen den Scheitel, durchbricht die überlagernden Schichten und kann an oder nahe der Oberfläche seitlich überquellen (Abb. 10). In den hochgeschleppten Flanken der Salzstöcke findet man Erdöl und Gas gegebenenfalls wiederum in den gehobensten Teilen der Schichten.

Erdöl und Erdgas finden sich in den verschiedensten geologischen Bauformen stets in den höchsterhobenen Schichtteilen.

Ölsuche. Wenn man Erdöl finden will, sucht man also jene Stellen auf, an denen die Schichten am höchsten aufgebogen oder gehoben wurden.

Alle Bauformen der Erde werden an der Oberfläche durch Verwitterung zermürbt, durch Rutschung, Eis, Wind, Regen, Flußabnagung oder Brandung abgetragen. Die Schichten eines Sattels stechen daher schräg zur Oberfläche aus (Abb. 7, 8). Man mißt mit Bussole und Lot (Winkelwaage) das „Verflächen", d. i. die Richtung (Azimuth), wohin die Schichten eintauchen, und den Winkel („Fallen"), den sie mit der Waagrechten bilden. Senkrecht auf der

Richtung des Verflächens steht das „Streichen", das daher nicht besonders angegeben werden muß.

Wenn wir über einen teilweise abgetragenen Sattel wandern, so finden wir, daß die Schichten zunächst gegen uns eintauchen (einfallen), im Scheitel flach oder waagrecht liegen, und dann von uns weg einfallen. Die Schichten fallen also vom Scheitel des Sattels in entgegengesetzten Richtungen (daher Antikline = Gegenfallen). Je näher man von den Flanken aus an den Scheitel, d. h. an den Kern des Sattels kommt, desto tiefere Schichten trifft man. Da sich bei der Ablagerung ursprünglich Schicht auf Schicht gelegt hat, sind die tieferen Schichten älter als die höheren. Wir finden daher in der Mitte des Sattels immer die ältesten Schichten, während die Flanken, mit zunehmender Entfernung vom Scheitel, immer jüngere (höhere) Schichten führen.

Das Alter der Schichten kann man aber nicht nur aus der Lagerung, sondern auch aus den Resten von Tieren und Pflanzen erkennen, die als Versteinerungen (Fossilien) in den Schichten eingeschlossen sind. Die Lebewelt hat sich im Laufe der Erdgeschichte entwickelt, die charakteristischen Lebewesen der einzelnen Zeiten sind bekannt. Wenn man also die Schräglage der Schichten nicht messen kann, so gibt die Altersbestimmung einen Anhaltspunkt für die Lage des Scheitels. Die Anwendung dieser einfachen Grundregeln bei der Ermittlung der geologischen Bauformen wird in der Praxis allerdings durch manche Umstände erschwert. Häufig sind die Gesteine so stark verwittert oder verstürzt, daß man kein Einfallen messen kann; oft sind auch die Versteinerungen durch die Verwitterung zerstört oder die Schichten enthalten schon ursprünglich keine Versteinerungen. Über große Flächen sind auch die Schichten durch Boden (Acker, Wald, Wiese) oder durch junge Ablagerungen der Flüsse (Sand, Schotter), durch Dünen, Ablagerungen der Eiszeitgletscher, usw., verhüllt.

Wir haben kein Mittel, um Erdöl, das sich im Untergrund befindet, direkt festzustellen. Wir können nur die Stellen angeben, die für seine Ansammlung günstig sind, vor allem aber große Gebiete ausscheiden, in denen es sich bestimmt nicht findet.

In Gegenden, aus denen Erdöl bereits bekannt ist, bleibt nichts anderes übrig als ein planmäßiges Absuchen aller Stellen, die für die Ansammlung von Erdöl günstig sind. Wo aber noch kein Erdöl bekannt ist, wird es zweckmäßig sein, vor dieser langwierigen und teueren Arbeit zu überlegen, ob man in diesen Gebieten überhaupt Erdöl erwarten darf. Man muß daher alles berücksichtigen, was über die Entstehung des Erdöls und seiner Lagerstätten bekannt ist.

II. Die Entstehung des Erdöls und seiner Lagerstätten

Das Erdöl besteht zum größten Teil aus Verbindungen von Kohlenstoff mit Wasserstoff (Kohlenwasserstoffen), ferner aus Verbindungen der Kohlenwasserstoffe mit anderen Elementen, besonders Sauerstoff, Schwefel, Stickstoff.

Anorganisch-chemische Erklärungsversuche. Man kann aus Karbiden (Verbindungen von Kohlenstoff mit Metallen) Kohlenwasserstoffe herstellen.

Wir kennen aus Basalten kohlenstoffhaltiges metallisches Eisen. Man hat angenommen, daß das Erdöl aus Metallkarbiden des Erdinnern entsteht, wenn diese Karbide mit dem Wasser der Erdkruste zusammentreffen.

Die Geologie ist eine historische Wissenschaft. Es genügt uns nicht zu wissen, daß es auf diesem oder jenem Wege möglich ist, so etwas wie Erdöl herzustellen. Wir suchen den Weg, auf dem das Erdöl tatsächlich entstanden ist. *Um diesen Weg zu finden, müssen wir alle Begleiterscheinungen und Nebenprodukte berücksichtigen,* die gesetzmäßig mit dem Erdöl verbunden sind.

Wenn das Erdöl aus Metallkarbiden der Erdtiefe entstanden sein soll, müssen wir es dort erwarten, wo Gesteine der Erdtiefe an die Oberfläche kommen.

Das meiste Erdöl findet sich aber in Gebieten, wo es keinen Vulkanismus gibt und in Schichten, die nicht mit vulkanischen Gesteinen zusammenhängen. Gebiete, die nur aus vulkanischen Gesteinen bestehen (z. B. Hawaii, Island, mittelatlantische Inseln), haben kein Erdöl.

Die in der Tiefe erstarrten, vollkristallinen Gesteine: Granit, Diorit, usw. sowie Gesteine, die nach ihrer Bildung in große Tiefen versenkt und dort umgebildet wurden, können durch spätere Hebung und Abtragung an die Oberfläche kommen. Die

Gebiete solcher Gesteine (z. B. Schweden-Finnland, Südböhmen-Waldviertel) führen kein Erdöl; die ölführenden Schichtserien enthalten charakteristischerweise keine solchen Gesteine.

Die Begleiterscheinungen stimmen nicht zur Karbid-Hypothese.

Die Karbid-Hypothese versucht eine Erklärung für die Entstehung der einfachen Kohlenwasserstoffe, die die Hauptmenge des Erdöls ausmachen. Außer diesen einfachen Kohlenwasserstoffen führt das Erdöl aber auch kompliziertere Stoffe, die sich nicht aus Karbid und Wasser bilden, darunter in geringen Mengen sehr charakteristische Stoffe, die sich in der Natur in lebenden Tieren oder Pflanzen bilden. Hierher gehören z. B. Sterine, Abkömmlinge des Blattgrüns (Chlorophyll) und des roten Blutfarbstoffes Hämin, zuckerähnliche Stoffe, usw. Der Bau des Chlorophyll-Abkömmlings Desoxophyllerythroätioporphyrin ist obenstehend wiedergegeben.

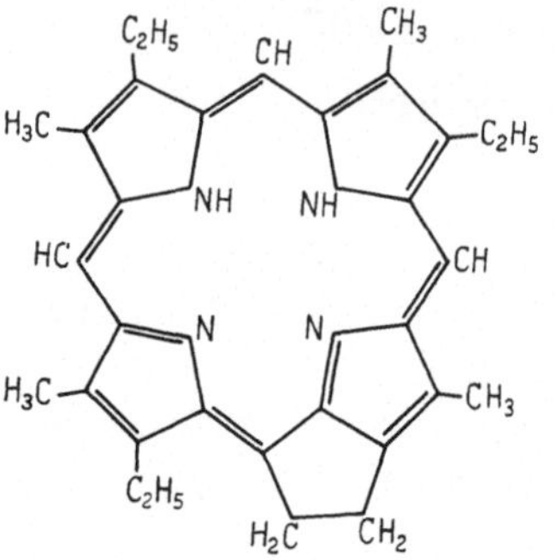

Derartige Stoffe können sich nicht „zufällig" bilden. Die Nebenprodukte stimmen demnach nicht zur Karbid-Hypothese.

Solche Hypothesen können nur entstehen, wenn man die natürlichen Fundumstände außer acht läßt. Mit dem gleichen Recht könnte man annehmen, ein Mensch, in dessen Darm Methan festgestellt wurde, müsse Karbid geschluckt haben. Der grundsätzliche Fehler solcher Erklärungsversuche liegt darin, daß die zu erklärende Erscheinung nicht in ihrer Gesamtheit betrachtet wird.

Herkunft aus dem Weltraum. Ebenso können wir die Ansicht ablehnen, daß das Erdöl aus dem Weltraum auf die Erde gelangt sei. Beobachtungsgrundlage ist der spektrographische Nachweis von Methan in Kometen und den Atmosphären der großen Planeten und ihrer Monde. Erdöl findet sich aber nicht in den Meteoriten; die in den Meteoriten gefundenen Bitumina sind z. T. Verbindungen, wie sie auf der Erde in der Natur nicht bekannt sind, z. B. Chlor-Kohlenwasserstoff-Verbindungen. Erdöl ist auch nicht regellos über die Erde verteilt wie die Meteoriten, sondern fehlt in fast ganz Afrika, Australien, China, während es in USA und benachbarten Gebieten, sowie im Mittleren Orient in ungeheuren Mengen vorhanden ist.

Entstehung aus verschiedenen organischen Stoffen. Wenn das Erdöl also weder aus dem Weltraum noch aus dem Erdinneren stammt, so muß es aus der Erdkruste stammen. Da das Erdöl hauptsächlich aus Kohlenstoff und Wasserstoff besteht, müssen die Ausgangsstoffe diese Elemente enthalten. Die Lebewesen sind überwiegend aus Kohlenstoff, Wasserstoff, Stickstoff und Sauerstoff aufgebaut. Man hat daher versucht, aus den Stoffen der Lebewesen Erdöl herzustellen. Wenn man dabei eine dunkle, übelriechende Flüssigkeit erhielt, so war das genug für die Behauptung, man hätte Erdöl hergestellt. So wurde die Herstellung von „Erdöl" angegeben aus: Fetten; Öl-, Palmitin-, Stearin-Säure; Fischölen; Leinöl; Terpentinöl; Bienenwachs; Harzen, Harzsäuren; Kollophonium; Kautschuk; Cellulose; Zukker; Eiweißstoffen; Kohle. Aus allen Kohlenwasserstoffen und Kohlenwasserstoff-Verbindungen kann man durch Hinzufügen von Wasserstoff, Entzug von Sauerstoff usw. Stoffe erhalten wie sie auch im Erdöl vorkommen. Das ist ein allgemeiner Hinweis darauf, daß sich das *Erdöl aus organischer Substanz* bildet, aber kein Beweis dafür, daß es sich aus einer der angeführten Substanzen gebildet hat.

Geologische Zusammenhänge der Erdölverteilung

Gebiete mit Erdöl. Häufig wird der Außenrand der Faltengebirge von Erdölvorkommen begleitet. So findet man Ölspuren am Außenrand der Alpen von Frankreich bis Wien; am Außenrand der Karpaten liegen die österreichischen, tschechoslowakischen, polnischen und rumänischen Ölfelder (Abb. 11); am Kaukasus liegen die Ölfelder Maikop, Grosny, Baku usw.

Andere Ölfelder stehen nicht im Zusammenhang mit Faltengebirgen, so die Ölfelder von Hannover, im amerikanischen Midcontinent (Kansas, Oklahoma), an der Golfküste (Texas, Louisiana), usw. Zum Verständnis müssen wir weiter ausholen.

Wir versuchen immer wieder, auf neuen Angriffslinien an unser Problem heranzukommen. Jede Angriffslinie wird erst im Licht der Nachbargebiete voll verständlich. Darum müssen wir, wie in einem Detektivroman, bald die eine, bald die andere Spur verfolgen, bis schließlich alle Spuren nur noch auf *einen* Verdächtigen hinweisen.

Umwelt der Erdölvorkommen. Die Angriffslinie, der wir nun folgen wollen, forderte eine Statistik nach bestimmten Gesichtspunkten. Gefragt wurde: wie sieht die geologische Umwelt des Erdöls aus? Wie sind die Gesteine beschaffen, in denen das Erdöl vorkommt, welche Tiere und Pflanzen haben Reste in diesen Gesteinen hinterlassen, unter welchen Bedingungen haben diese Wesen gelebt? Mit der Beantwortung dieser Fragen hoffte man in der Lage zu sein, auch die Frage beantworten zu können: In welcher Umwelt bildet sich das Erdöl?

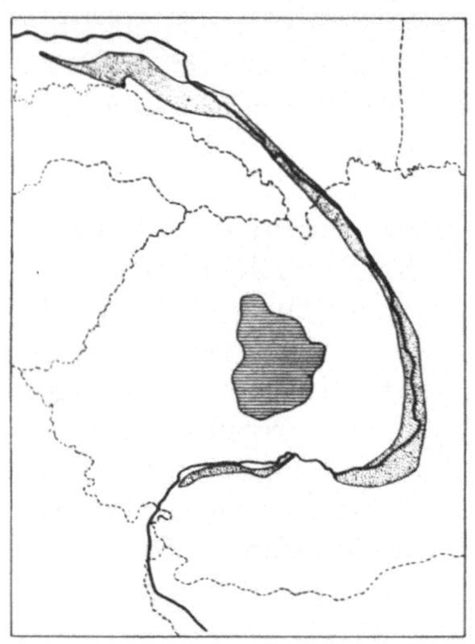

Abb. 11. Ölgürtel der Karpaten. Gepunktet: Ölzone. Schraffen: Siebenbürgisches Erdgasgebiet. Ausgezogene Linie: Außenrand der Karpatenüberschiebung. Gestrichelt: Staatsgrenzen von 1938.

Eine solche Fragestellung hat sich bei der Erforschung der Kohlen als sehr erfolgreich erwiesen. Es ist gelungen nachzuweisen, daß unser Torf dieselbe geologische Umwelt hat wie die Kohlen. Untersucht man die Zusammensetzung von Torf und Kohlen, verfolgt man die schrittweisen Veränderungen bei zunehmender Umbildung, so kann man eine lückenlose Kette von den heutigen Ablagerungen zu den jahrmillionenalten Kohlen ziehen.

Beim Erdöl aber war das Ergebnis dieser Untersuchungen praktisch null. Wohl ließ sich zeigen, daß Erdöl vorwiegend in wenig veränderten Ablagerungsgesteinen zu finden ist, aber gelegentlich findet es sich auch in hochgradig durch Hitze und Druck veränderten Gesteinen (metamorphen Gesteinen, kristallinen Schiefern), ja sogar in Magmagesteinen wie Laven oder

Granit. Zwar wurde bald erkannt, daß das Erdöl in diese Gesteine auf Klüften eingewandert war (so wie das Quellwasser durch Kalk auf Klüften wandert, aber nicht im Kalk entstanden ist). Es wurden aber immer mehr Gesteine und Umweltsbedingungen gefunden, die da oder dort mit Erdöl verbunden waren, so daß schließlich alle unterscheidbaren Gesteine und Umweltbedingungen irgendwo mit Erdöl verbunden schienen. So wurden Beziehungen angegeben zwischen Erdöl und roten Gesteinen; grauen oder grünen Gesteinen; Kalk; Salz; Ton; Sand; Meerwasser; Brackwasser; Kohlen; Kohlen und Salzwasser; Ölschiefer; Tonen von bestimmter Zusammensetzung; Magnesiumkarbonat; Eisenkarbonat; Kieselsäure; Geosynklinal-Ablagerungen; Vortiefen-Ablagerungen; Schelf-Ablagerungen; Delta-Ablagerungen, usw. Indem man jeder erdölführenden Gesteinsausbildung den Namen Erdölfazies gab, ersparte man sich eine Erklärung für das Vorkommen des Erdöls, hatte aber das Problem glücklich umgekehrt: warum waren Gesteine derselben Ausbildung über viel größere Erstreckung ölfrei? Für die meisten der obigen Beziehungen lassen sich viel mehr Gebiete nachweisen, in denen sie nicht bestehen, als solche, in denen sie bestehen. Es handelt sich also um zufällige, nicht um notwendige Beziehungen.

Wo nur eine einzige Schicht Öl führt, ist es leicht zu behaupten, die Bildungsbedingungen dieser Schicht seien eben die Bildungsbedingungen des Erdöls — man darf nur keine anderen Gebiete kennen, wo erdölführende Schichten unter ganz anderen Bedingungen entstanden sind. In vielen Erdölgebieten geht aber die Ölführung quer durch einen Schichtstoß von vielen hundert, ja mehreren tausend Metern Mächtigkeit. Es ist nicht verwunderlich, wenn sich in solchen Schichtstößen verschiedene Arten von Sedimentausbildungen finden, und wenn diese auch mehreren Lagerstätten gemeinsam sind.

Statistik muß mit Vernunft betrieben werden. Häufiger als manche der obigen Beziehungen ist eine Beziehung zwischen Erdölvorkommen und Weinbau (Rheintal, Wiener Becken, Rumänien, Kaukasus, usw.); und in Schweden soll es einen statistischen Zusammenhang zwischen der Anzahl der Störche und der Geburtenhäufigkeit geben (Wagemann).

Wir finden Erdöl in Ton, Sand, Schotter und deren verfestigten Abkömmlingen Schiefer, Sandstein, Konglomerat; in Kalk, Dolomit, Gips, Salz, Schwefel, Kohle, Ölschiefer (abgesehen sei hier von den seltenen Vorkommen in kristallinen Schiefern und Magmagesteinen).

Wir finden Erdöl praktisch in allen Sediment-Gesteinen, die in größerer Verbreitung auftreten.

Beachten wir nun die Umwelt, die wir aus dem Charakter und der Lebewelt der ölführenden Gesteine ablesen können: da finden wir Erdöl in Dünensanden, in Ablagerungen von Quellen, Flüssen, Süßwasserseen; in Ablagerungen von Brackwasserseen, deren Wasser verdünntes Meerwasser ist; von Brackwasserseen, deren Wasser eingedampftes Flußwasser ist, wie heute das Wasser des Kaspisees; in Ablagerungen des Meeres, und von Salzseen jeglichen Grades der Eindampfung. Fragen wir nach dem Klima, so finden wir Erdöl in Ablagerungen der Eiszeit, in Ablagerungen gemäßigten und tropischen Klimas; wir finden Erdöl in Ablagerungen von Wind, Wasser und Eis; in Ablagerungen eines äußerst trockenen Klimas, in dem sich Gips und Salz ausschied, und in Ablagerungen eines äußerst feuchten Klimas, in dem üppige tropische Sumpfwälder wuchsen. Wir finden Erdöl zusammen mit unzählbaren großen oder winzigen versteinerten Tieren oder Pflanzen, und wir finden Erdöl in Schichten, die keine Spur von Leben enthalten. Wir finden Erdöl in Schichten, in denen sich unzählige Kalkskelette von Tieren und Pflanzen erhalten haben, und in Schichten ohne kalkige Skelettelemente; in Schichten, die fast nur aus Kieselskeletten bestehen, und in Schichten, in denen keine Kieselskelette vorkommen; in Schichten, in denen sich die organischen Gerüststoffe Horn und Chitin in großer Menge erhalten haben, und in Schichten, in denen alle organischen Stoffe verwest sind; in Schichten, in denen eine reiche, am Boden lebende Tierwelt ihre Skelette hinterlassen hat; in Schichten, in denen eine ebensolche Tierwelt zwar keine Skelette, wohl aber Spuren, Fährten, Bauten hinterlassen hat; und endlich in Schichten, denen jegliches Anzeichen von Bodenleben fehlt, ja, die kein solches Bodenleben enthalten haben konnten, weil das Wasser vergiftet war; usw.

Mit diesen Beobachtungen können wir nichts anfangen. Wir müssen zu einem von zwei Schlüssen kommen; entweder entsteht das Erdöl tatsächlich unter all diesen grundverschiedenen Bedingungen, oder die meisten dieser Bedingungen haben überhaupt nichts mit der Bildung des Erdöls zu tun. Für die letztere Möglichkeit spricht besonders der Umstand, daß die meisten Gesteine, die an irgendwelchen Stellen Erdöl führen, in viel weiterer Verbreitung ohne Erdöl vorkommen.

Hier müssen wir uns besinnen: was für Bedingungen haben wir denn untersucht? Die Umweltsbedingungen der Gesteine, in denen wir das Erdöl *heute* finden. Wohin würden wir nun kommen, wenn wir die Umweltsbedingungen jener Gesteine untersuchen würden, die uns das Trinkwasser liefern? Wir würden in ähnlicher Weise feststellen, daß Trinkwasser in den allerverschiedensten Gesteinen vorkommt. In unseren Bergen, wo die meisten Schichten Meeresablagerungen sind, finden wir dementsprechend das Trinkwasser meistens in Meeresablagerungen. Viele dieser Meeresablagerungen enthalten Reste von Lebewesen, die bei einem wesentlich geringeren Salzgehalt als dem des Meerwassers (rund $3^1/_2$%) nicht leben können; so waren z. B. viele Kalke ursprünglich Korallenriffe oder Kalkalgenriffe, wie heute die Riffe der Südsee. Wer es einmal versucht hat, weiß, daß Meereswasser nicht trinkbar ist. Unser Trinkwasser stammt also nicht aus den Gesteinen, in denen wir es antreffen. Es stammt aus Regen oder Schnee, und durchwandert Gesteine mit größeren zusammenhängenden Porenräumen. Grundsätzlich besteht bei jeder Flüssigkeit und jedem Gas die Möglichkeit einer Wanderung. Wir müssen also jetzt die Verteilung des Erdöls in den Schichten näher betrachten, um zu sehen, ob sie zur Annahme einer Ortsständigkeit des Erdöls paßt, oder ob wir Wanderung des Erdöls annehmen müssen.

Bindung des Erdöls an Schichtsättel. Wir haben schon erwähnt, daß sich das Erdöl immer in den erhobenen Schichtteilen findet, ob das nun die höchsten Teile von Sätteln (Antiklinalscheitel) oder von schräggestellten Bruchschollen oder die hochgeschleppten Flanken von Salzstöcken usw. sind. Auf dieser Regel beruht die Ölsuche in Gegenden, wo sich an der Oberfläche kein Erdöl oder Erdgas zeigt.

Alle neueren Entdeckungen von Ölfeldern sind so zustande gekommen, daß man Antiklinen, Salzstöcke usw. geologisch oder geophysikalisch feststellt und dann mittels Bohrungen nachsieht, ob in den gehobenen Stellen Öl oder Gas vorhanden ist. Die

Funde von Erdöl im Wiener Becken, im Emsland usw. sind auf diese Weise erzielt worden. Überall auf der Welt sucht man auf diese Weise mit mehr oder weniger Glück nach Öl. Zwar muß das Öl, wenn es vorhanden ist, an solchen Stellen zu finden sein, aber man kann bis heute nicht vorhersagen, ob Öl überhaupt da ist.

Es hat bis in die neueste Zeit Leute gegeben, die behauptet haben, das alles sei nur Schwindel; die ganze Abhängigkeit des Erdöls von Antiklinen usw. bestände nur darin, daß die Schichten dort, wo sie gehoben sind, der heutigen Oberfläche näher liegen (ursprünglich wird zwar an der Stelle der Hebung oder Auffaltung ein Hügel gebildet; aber die höchsten Stellen werden am schnellsten abgetragen, und so wird an diesen Stellen die Überdeckung rasch mehr und mehr entfernt). Wo die Schichten der Oberfläche näher liegen, dort können wir sie leichter erreichen. Darum hätte man eben überall zuerst nur an diesen gehobenen Stellen Öl gefunden.

Leider stimmt das nicht. Es ist nämlich gar nicht wahr, daß man nur auf solchen gehobenen Schichtstellen gebohrt hat. In ölreichen Gegenden hat man früher ziemlich überall Löcher gebohrt, oft ohne einen anderen vernünftigen Grund, als den Wunsch Öl zu finden; oft mit Hilfe der Wünschelrute, von Geistern (spirit guides) und allem möglichen anderen Humbug. Da in einigen Gegenden (z. B. der Vereinigten Staaten) sehr viel Öl vorhanden ist, haben auch solche Wünschelruten- oder Geisterbohrungen gelegentlich Öl gefunden, wenn sie nämlich zufällig an Sätteln usw. saßen. Meist aber fanden sie kein Öl, denn die Sättel, Salzstöcke usw. sind nicht so dicht gesät, daß man ihre Auffindung dem Zufall überlassen kann. Viele solcher Bohrungen stehen an Stellen, an denen ein Geologe oder Bergmann, der im Besitze seiner geistigen Kräfte ist, niemals eine Erdölbohrung aufstellen würde. Diese Bohrungen liefern uns den Beweis dafür, daß abseits der gehobenen Schichtstellen in den meisten Schichten tatsächlich kein Öl vorhanden ist. Wir können den Nachweis aber noch viel genauer führen: Wenn man nämlich mit den Bohrungen vom Scheitel der Sättel oder von den gehobensten Teilen der Salzstockflanken, Bruchschollen usw. sich entfernt, dann trifft man die ölführende Schicht immer tiefer: schließlich findet man in ihr kein Öl mehr, sondern Wasser. Die Grenze zwischen

Öl und Wasser ist natürlich eine Fläche, an der das Öl auf dem Wasser schwimmt. Nun sind aber die ölführenden Schichten im Verhältnis zur Größe der Ölfelder sehr dünn: ein bis einige Meter Dicke, gegen viele Kilometer Länge und Hunderte von Metern Tiefe. Bei der Darstellung auf Profilen etwa im Maßstab 1 : 10000 schrumpft daher die Dicke der Schicht zu einer Linie zusammen. Die Zone, an der Öl an Wasser grenzt, erscheint auf Karten dieses Maßstabs ebenfalls als Linie; man nennt sie Randwasserlinie.

Diese Randwasserlinie ist bei allen älteren Erdölfeldern festgestellt. Denn wenn man auch zunächst auf dem Scheitel bohrte und dort Ländereien und Schurfrechte (das Recht zur Ausbeutung des Erdöls) erwarb, so schob man doch rasch einige Bohrungen gegen die Mulde vor, um festzustellen, wie weit sich das Ölvorkommen erstreckte; denn so weit konnte man mit Hoffnung auf Gewinn Ländereien und Schurfrechte erwerben. Die Kenntnis der Ausdehnung der Ölvorkommen ermöglicht auch eine rohe Vorratsberechnung; davon ausgehend, konnte man sagen, ob sich feste Bauten, Raffinerien, Rohrleitungen usw. bezahlt machen würden, d. h. ob sie für hinreichend lange Zeit genügend zu tun haben würden. Nach diesen ersten Versuchsbohrungen hat man dann im Laufe der Zeit das Feld abgebohrt und schließlich die ganze Oberfläche über dem Erdölvorkommen bis an die Randwasserlinie mit Bohrungen besetzt. Das ist in vielen Erdölfeldern bereits der Fall, ja viele Ölfelder sind schon erschöpft, wenigstens soweit die eine oder andere ölführende Schicht in Frage kommt.

Es ist also wirklich festgestellt, daß das Vorkommen von Erdöl und Erdgas in der weitaus größten Zahl der Fälle auf die jeweils gehobenen Stellen der Schichten beschränkt ist; in den tieferen Stellen der Schichten folgt dann meistens das Randwasser.

Schichtsättel als Bildungsort des Erdöls? Man hat versucht, dies mit der Annahme zu erklären, daß die Sättel usw. schon zur Zeit der Ablagerung der Schichten vorgebildet gewesen seien, etwa in der Form von Untiefen, Inseln usw. Und diese Untiefen, Inselküsten usw. wären eben die Orte, wo sich das Erdöl bildete.

Diese Annahme besteht aus zwei Teilen: 1., daß die Sättel usw. als Erhebungen des Meeresbodens oder Seebodens vorgebildet gewesen seien; 2., daß Untiefen, Küsten und dergleichen die Bildungsorte der Erdöle seien.

Zum ersten Teil der Annahme können wir anführen, daß wir tatsächlich Fälle kennen, wo Sättel oder Salzstöcke zur Zeit der Ablagerung jüngerer Schichten als Inseln oder Untiefen aufragten; dann wurden die älteren Schichten abgetragen, und ihre Gesteine finden sich als Gerölle in den jüngeren Schichten. Diese jüngeren Schichten bestehen nahe am Sattelscheitel oder am Salzstock aus Riffkalken oder aus grobkörnigen Gesteinen mit großen Geröllen; weiter gegen die Mulde folgen feinkörnigere Gesteine, Sande, schließlich Tone. Nahe am Sattel oder Salzstock, zusammen mit grobkörnigen Ablagerungen, finden sich dicke grobgeformte Schalen von Tieren, die an stark bewegtes Wasser angepaßt waren; weiter draußen gegen die heutige Mulde finden wir zartere, feinschalige Formen, wie wir sie heute in tieferem ruhigen Wasser finden.

Wir können so aus der Mächtigkeit (Dicke) der Schichten und der Art der Versteinerungen die Untiefen des vorzeitlichen Sees im Geiste wiederherstellen. Wenn wir das tun, so finden wir, daß in anderen Fällen Sättel im Gebiete ehemaliger Tiefstellen vorzeitlicher Gewässer liegen. In diesen Sätteln haben die Schichten nicht nur eine größere Mächtigkeit als in den anderen Sätteln, sondern die Mächtigkeit ist so groß, wie sonst nur in den tiefsten Mulden. Diese letzteren Sättel sind offenbar aus ursprünglichen Mulden und Tiefstellen aufgefaltet worden. Diese „Falten zweiter Ordnung" passen also nicht zu der Annahme, von der wir ausgingen, daß nämlich die Sättel zur Zeit der Ablagerung der Schichten Untiefen oder Inseln gewesen sein müßten.

Absolut beweisend aber ist der Fall, wenn wir Öllagerstätten im verkehrten Mittelschenkel liegender Falten finden. Wenn man ein genügend langes Stück Samt zusammenschiebt, so bildet sich zunächst eine stehende Falte, die sich oben allmählich umlegt, und endlich liegen drei Lagen Samt übereinander. Die oberste und unterste Lage liegen normal, die mittlere Lage dagegen liegt verkehrt; ihre Oberfläche ist nach unten gekehrt. Wir kennen auch in der Natur solche Falten, und zwar in den Deckengebirgen (z. B. Alpen, Karpaten). Solche Deckfalten können einen viele Kilometer breiten Streifen des Untergrundes verdecken. Innerhalb einer solchen großen Deckfalte gibt es wieder Stellen, die im großen oder kleinen Sättel und Mulden bilden, wobei alle drei Lagen, oder nur einige Lagen, in diese Sättel einbezogen sein können (Abb. 12). Was aber im Mittelschenkel heute wie ein Sattel aussieht, wird zur Mulde, wenn wir uns die Schichten in ihre ursprüngliche Lage zurückgekippt denken (Abb. 12a, b). Wenigstens für den Mittelschenkel ist also die Annahme vollkommen unmöglich, daß die heutigen Sättel zur Zeit der Ablagerung der Schichten bereits als Sättel vorgebildet waren.

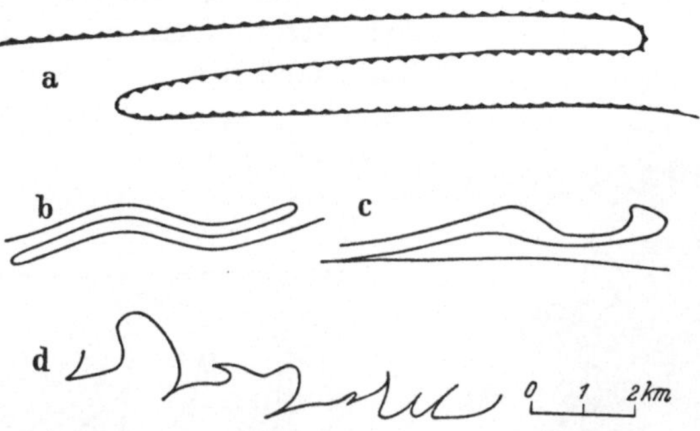

Abb. 12. Deckfalten. a Die ursprüngliche Oberfläche (gezähnelt) ist in dem „verkehrten Mittelschenkel" heute nach unten gerichtet. Die unterste Lage heißt „Vorland", darüber sind die beiden oberen Lagen als „Deckfalte" geschoben; b die ganze Deckfalte ist zu einem Sattel und einer Mulde gefaltet; c nur der obere Schenkel, und in schwächerem Maße der mittlere Schenkel, sind unter Faltenbildung zusammengestaucht; d Detailfaltung des oberen Faltenschenkels der oberen Randdecke bei Zemes-Solontu in der rumänischen Moldau; dazu Maßstab.

Solche Mittelschenkel führen Öl z. B. in Szymbark und Rypne in Galizien.

Wenn sich aber das Öl tatsächlich am Ort der Sättel bilden würde oder wenn es sich in den heute öltragenden Schichten bilden und danach den Sätteln innerhalb dieser Schichten zuwandern würde, dann müßten wir in allen den Detailsätteln der Faltenschenkel (Abb. 12d) Öl angereichert finden. Das ist aber z. B. in den Flysch-Lagerstätten der Karpaten nicht der Fall. Diese Öllagerstätten sind im großen von der Detailfaltung der Decken unabhängig; sie hängen von den Großaufwölbungen ab (Tolwinski, Krejci-Graf 1929).

Der zweite Teil der erwähnten Annahme behauptet, daß Küsten oder Untiefen Orte seien, welche für Erdölbildung besonders günstig sind. Auch das trifft nicht zu. Zwar herrscht an solchen Plätzen oft ein reiches Tier- und Pflanzenleben, aber in dem stark bewegten Wasser verwest die organische Substanz meist restlos. Das trifft z. B. für die Seegras-*(Zostera)*-Wiesen zu. Die Jahresproduktion an *Zostera* beträgt in guten Plätzen wenigstens 12000 g/m², in mittleren Plätzen 7000 g, in schlechten Plätzen 3400 g. Ein halbes Jahr nach dem Seegras-Sterben in der Kieler Bucht fand sich am Standort der Seegraswiesen reiner weißer Sand ohne organische Reste.

Abb. 13

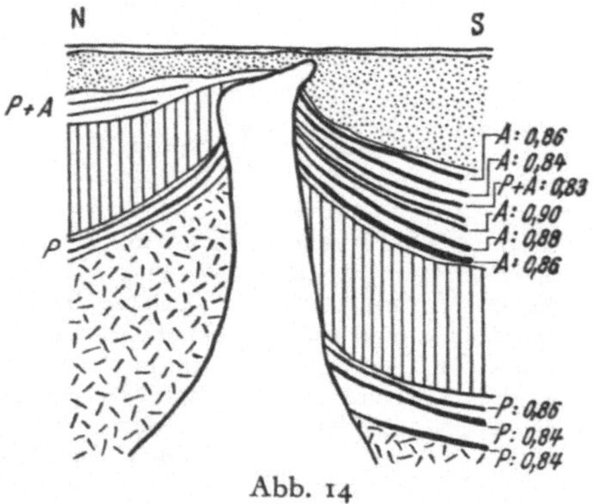

Abb. 14

Abb. 13. Ventura Avenue Ölfeld, Kalifornien. Kegelförmiger Umriß der Ölimprägnationen, darüber Gaskappe mit Leichtöl. Das spezifische Gewicht des Öls nimmt nach oben ab (Ziffern am rechten Rand). Der Strich am linken Rand gibt ungefähr die Tiefe von 2960 m an, in der die Ass. Oil Co. Lloyd 83 ein Öl von d = 0,896 fand. Nach HERTEL.

Abb. 14. Geologischer Schnitt durch den Salzstock von Gura Ocnitzei in Rumänien. (Nach JONESCU-BALEA; abgeändert.) Die erdölführenden Schichten sind als dicke schwarze Linien dargestellt. *A* bedeutet Asphaltöle, *P* Paraffinöle. Die Ziffern geben das spezifische Gewicht der Öle an.

Die Ablagerungen der Küsten und Untiefen sind meist Sande. Die toten organischen Stoffe werden großenteils in die Bezirke stilleren Wassers getrieben und dort zusammen mit der Tontrübe abgelagert. Lebensort und Ablagerungsort der organischen Stoffe sind meist verschieden.

Wir haben zwei Einwände ausgeschaltet: 1., daß die Beschränkung der Ölvorkommen auf gehobene Schichtteile ein Schwindel sei; 2., daß diese Beschränkung schon bei der Ablagerung der Schichten verursacht worden sei.

Wir haben bis jetzt bei der Darstellung der Sättel immer nur von *einer* gefalteten Schicht gesprochen. Tatsächlich aber liegen ja zahllose Schichten untereinander. Es ist nun charakteristisch für viele Erdölfelder, daß das Erdöl nicht in nur *einer* Schicht vorkommt, sondern daß mehrere übereinanderliegende Schichten Erdöl enthalten.

Die Abb. 13, 14 stellen dieses Verhältnis für einen Sattel und für einen Salzstock dar. Wir sehen, daß in den höheren Schichten die Erdölführung weniger weit vom Scheitel wegreicht als in den tieferen Schichten; wir sehen auch am Beispiel des Sattels, daß über dem Erdöl eine Schicht liegt, die vorwiegend Gas führt.

Reichweite der Öltränkungen. Untersuchen wir eine größere Anzahl von Fällen, so finden wir, daß häufig die Ölführung in den tieferen Schichten weiter vom Scheitel oder Salzstock wegreicht, als in den höheren Schichten. Auch der Reichtum der Schichten an Erdöl nimmt von unten nach oben meist ab. Dabei ist aber Vorausetzung, daß die ölführenden Hohlräume der betroffenen Schichten ungefähr gleich groß sind. In Schichten mit großen Poren erstreckt sich die Ölführung weiter als in Schichten mit kleinen Poren. In den Tonen z. B., die zwischen den Sanden liegen, sind nur ein paar Millimeter oder Zentimeter neben den erdölführenden Klüften ölgetränkt. Wenn wir alle hundert Meter eine Bohrung ansetzen, so ist es unwahrscheinlich, daß wir gerade eine solche erdölführende Stelle im Ton treffen. Nur beim Bergbau, und an der Oberfläche z. B. in frischen Wasserrissen, kann man gelegentlich an Klüften solche Öltränkungen in Tonen sehen.

Es *scheint* uns also meist, als ob die Ölführung ausschließlich auf die Sande (oder klüftige Kalke, Dolomite usw.) beschränkt wäre; für alle *praktischen* Zwecke können wir das auch ruhig annehmen.

Zwei Gesetze regeln die Reichweite der Öltränkung einer Sandschicht: Die Druckabnahme von unten nach oben, und die Durchlässigkeit der Sande, die von der Größe der Verbindungen zwischen den Poren abhängt. Wäre nur die Porengröße entscheidend, so erhielten wir in der Reichweite der Öltränkungen ein Schaubild der Porengröße. Wäre nur die Druckabnahme nach oben maßgebend, so würden die Grenzen der Ölführung, wenn wir sie durch eine Mantelfläche verbinden, zusammen einen Kegelmantel (z. B. Ventura Avenue, Abb. 13) oder, bei geringer Druckabnahme, einen Zylindermantel (Baku) ergeben. Tatsächlich sind oft die Poren in Sanden nicht allzu verschieden groß. Wir erhalten also in den ölführenden Schichten das Bild übereinanderliegender Kappen, von denen diese oder jene weiter oder weniger weit reicht als einer kegelförmigen oder manchmal einer zylindrischen Umgrenzung entspricht.

Diese Regeln gelten aber nur für einigermaßen reiche Erdölvorkommen. Wo nicht Öl genug vorhanden war, um die Schichten zu erfüllen, sind die Verhältnisse ganz regellos, dort kann irgendwo im Sand plötzlich die Ölführung ohne ersichtliche Ursache auf einmal aufhören.

Stellen wir uns einmal vor, wir wollten die Güte von Löschpapier prüfen: Wir nehmen von den verschiedenen Löschpapieren je 1 kg und bestimmen die Menge Tinte, welche von jedem Löschpapier aufgesaugt wird. Es ist klar, daß wir da jedem Löschpapier Gelegenheit geben müßten, sich voll zu saugen. Wenn jedes der Papiere nur irgendeine willkürliche Anzahl von Tropfen abbekommt, so kann aus der Menge der aufgesaugten Tropfen nichts über die Aufsaugefähigkeit des Papiers geschlossen werden. — Gerade so ist es bei den Ölsanden; nur wo sie sich alle an Erdöl vollsaugen konnten, nur dort sind die Ergebnisse in Reichweite und Intensität der Tränkung miteinander vergleichbar.

Unabhängigkeit des Erdöls von Aufbau und Entstehung der erdölführenden Schichten. In reicheren Erdöllagerstätten erhalten wir also oft das Bild mehrerer übereinanderliegender ölführender Schichten, wobei Reichweite und Intensität der Öltränkung nach oben abnehmen. Das gilt nicht nur für den Fall, daß die Schichten heute noch so übereinanderliegen, wie sie ursprünglich übereinander abgelagert wurden, sondern das gilt auch für den Fall, daß durch Überfaltung (Deckfalten, s. Abb. 12) ältere Schichten über jüngere zu liegen kamen. Wenn wir die Zone der Ölführung jetzt verallgemeinernd als Zylinder oder Kegel betrachten, so kümmert sich dieser Körper nicht im geringsten um das Alter der Schichten, sondern setzt von alten in junge Schichten, setzt quer durch Brüche, Überfaltungen, usw.

Bei Moinesti in Rumänien (Abb. 15) finden wir Öl in den an einer Schubfläche angehobenen Schichten. Die Schubfläche trennt Miocän von einer kompliziert zusammengesetzten Schichtfolge: Zuunterst liegt Oligocän, über dem etwas Miocän mit Gips folgt; darüber ist eine Deckfalte geschoben worden; und darüber hat sich Pliocän abgelagert. — Die tiefsten Schichten (Oligocän) wurden in einem nicht-durchlüfteten Meere abgelagert; diese Ablagerungen enthalten keine Reste von am Boden lebenden Tieren und Pflanzen, dafür aber Reste von schwimmenden Tieren (Fischen) und schwebenden Tieren und Pflanzen (Plankton). Kalkschalen sind in diesen Ablagerungen aufgelöst worden, aber Reste aus Horn und Chitin sind erhalten geblieben. — Das Miocän ist aus einem durchlüfteten, nicht vergifteten Salzwasser abgelagert worden, das zeitweise so stark eingedampft war, daß sich Gips ausschied; Kalkschalen schwebender Tiere (Foraminiferen), die wahr-

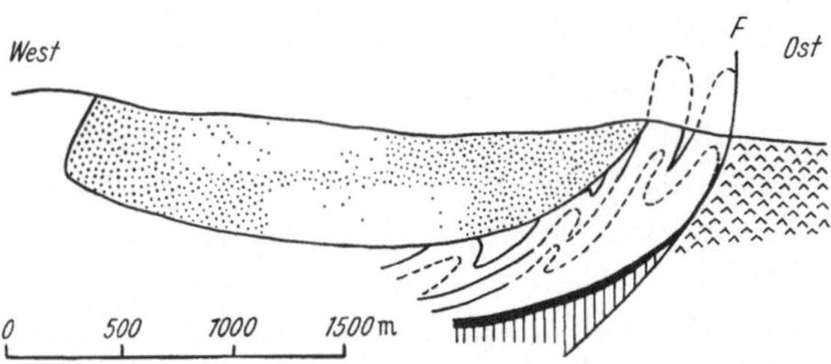

Abb. 15. Ölfeld Moinesti, Rumänien. — Aufrechte Schraffen: Oligozän, etwa 20 Millionen Jahre alt; schwarz: Miozän, etwa 10; weiß: Eozän, etwa 35; gepunktet: Pliozän, etwa 3; Dächer: jüngeres Miozän, etwa 8—10 Millionen Jahre alt. Erdöl findet sich in allen Schichten, jedoch nur in den aufgebogenen Schichtteilen links von der Schubfläche *F* in ausbeutbaren Mengen. Das Miozän rechts der Schubfläche hat, außer Erdöl in Handschächten, auch Erdwachs geliefert.

scheinlich bei Zustrom von Meerwasser in die eindampfende Meeresbucht mitgebracht wurden, haben sich erhalten. — Das Eocaen (Flysch) ist eine Ablagerung normalen, gutgelüfteten und stark bewegten Meerwassers; wir finden Spuren, Fährten und Bauten von am Boden lebenden Tieren in Hülle und Fülle, die Skelette dieser Tiere aber sind meist verschwunden; nur in rasch abgelagerten grobkörnigen Lagen finden wir Kalkschalen erhalten; an der Oberfläche solcher Lagen können wir beobachten, wie der Kalk herausgelöst wurde; Skelette aus Horn und Chitin sind verschwunden; den Spuren und Fährten nach müssen Tiere mit Horn- oder Chitinskeletten reichlich vorhanden gewesen sein (Fische, Würmer, Krabben). — Das Pliocän ist die Ablagerung eines Süßwassersees mit gut durchlüftetem Wasser und mit Kalkschalen von Muscheln und Schnecken, die am Boden dieses Wassers lebten.

Die Ölführung kümmert sich um die Entstehungsgeschichte, das Alter der Gesteine, die Abtragungsflächen, Schubflächen, Überfaltungen usw. nicht im mindesten. Wir finden Öl im Oligocän, darüber im Eocän, darüber im Pliocän, und jenseits der Schubfläche auch im Miocän. Die Ölführung durchsetzt die Schichten, als ob sie eine einheitliche Ablagerung wären.

Durchgreifende Lagerung. Wir haben gesehen, daß die Ölführung in solchen komplizierten Lagerstätten (Abb. 13—15) durch die Schichtstöße quer hindurch greift, ohne irgendwelche

Rücksicht auf die Zusammensetzung dieser Schichtstöße. Das gilt nicht nur für die Zusammensetzung aus Deckfalten, Schollen usw., und für das Durchgreifen der Ölführung quer durch Abtragungsflächen, Überschiebungsflächen, Schubflächen, Brüche usw., sondern das gilt ebenso für die Zusammensetzung eines Schichtstoßes aus Schichten verschiedenster Entstehung.

Eine derartige Lagerung kennen wir sonst nur von Magmagesteinen. Granitstöcke z. B. durchsetzen die Schichten in ähnlicher Weise. Aber ein Granitstock besteht ganz aus Granit, die Schichten, welche ehemals den Platz des Stockes einnahmen, sind weggehoben oder eingeschmolzen. Das Öl aber füllt in seiner stockartigen Zone nur die Hohlräume der grobporigen Gesteine; es bildet Stockwerke, und erfüllt auch die nicht ganz. Gerade so verhalten sich oft Erzlösungen, die von Magmastöcken oder von Klüften ausgehen; auch sie imprägnieren das Gestein oft nur, haben es aber nicht verdrängt. Solche Erzlager nennen wir *Imprägnationslagerstätten*, und die Öllagerstätten sind grundsätzlich gleichartig.

Die Erscheinungsform mancher Erdöllagerstätten ist also dieselbe wie die von Erzlagerstätten, von denen wir wissen, daß ihr Erzgehalt nicht ursprünglich in den Schichten enthalten war, sondern erst später aus Klüften in die porösen Schichten eingewandert ist. Ist nun für die Erdöllagerstätten auch eine derartige Einwanderung möglich?

Wanderung des Erdöls

Zunächst hat man gemeint, eine Wanderung von Erdöl in lotrechter Richtung sei unmöglich, weil zwischen den einzelnen ölführenden Sanden, Sandsteinen oder Kalken, immer wieder Tongesteine liegen, in denen das Öl nicht wandern kann; denn die Poren der Tongesteine sind so klein, daß eingedrungene Flüssigkeit festgehalten und nicht wieder abgegeben wird; ähnlich wie wir Tinte aus einem Löschblatt nicht wieder hinausdrücken können. Und wenn schon das Erdöl durch solche Gesteine wandern würde, so müßten diese Gesteine erfüllt werden von aufgesaugten (adsorbierten) Stoffen; die Anwesenheit aufgesaugter Stoffe ist also ein entscheidendes Kennzeichen dafür, ob Öl durch die Poren solcher tonigen Gesteine gewandert ist.

Die meisten Tongesteine zwischen ölführenden Schichten enthalten nichts von solchen aufgesaugten Stoffen. Also ist kein Öl durch die Poren dieser Tone gewandert.

Dasselbe gilt aber auch für die Erze der Imprägnationslagerstätten. Auch die Erzlösungen oder Erzschmelzen sind nicht in lotrechter Richtung in breiter Front durch die Poren der Gesteine gewandert, bis sie zu ihren porösen Speichergesteinen kamen. Sie haben vielmehr die Schichten auf dünnen Klüften gequert. Auch das Wasser durchquert „undurchlässige" Schichten auf Klüften.

Spaltenwanderung des Erdöls. Dem Erdöl hat man aber diese Möglichkeit bestreiten wollen. Zunächst hat man angeführt, daß solche Klüfte in den Erdölfeldern nicht beobachtet worden seien. Weiter hat man erklärt, in größeren Tiefen wäre der auf den Gesteinen lastende Druck so groß, daß sich einmal aufgerissene Klüfte gleich wieder schließen müßten. Dann hat man bestritten, daß Klüfte in „plastischen" Gesteinen, wie Ton oder Salz, überhaupt möglich seien. Endlich hat man erklärt, daß ja auf einer solchen Kluft Öl und Gas zur Oberfläche entfliehen müßten.

Existenz von Klüften. Nehmen wir diese Einwände nacheinander vor. Zunächst der Einwand, daß Klüfte in den Erdölfeldern nicht beobachtet worden seien. Das stimmt nicht. Es stimmt nur für jene Erdölfelder, in denen das Öl aus Bohrungen gewonnen wird — und das sind allerdings *fast* alle Erdölfelder. In einer Bohrung kann man eine offene Kluft kaum feststellen.

Um das Gestein kennenzulernen, bohrt man mittels eines gezahnten Hohlzylinders einen Bohrkern aus dem Gestein heraus. Ist das Gestein irgendwo zerbrochen, so beginnt an dieser Stelle der Kern sich zu drehen, und aus der Bruchfläche (Kluft) wird eine Schmierzone. Dasselbe geschieht, wenn das Gestein zerbricht, weil es Schwächestellen anderer Art besitzt oder wenn beim Bohren nicht aufgepaßt wird. In vielen Fällen bedeutet eine solche Schmierzone in einem Bohrkern also keine Kluft; und ob die Schmierzone durch eine Kluft entstanden ist oder nicht, läßt sich nicht entscheiden. Wenn ein Bohrkern mit unverschmierten Bruchflächen heraufkommt, dann ist er sehr wahrscheinlich erst im Kernbohrapparat zerbrochen. Man findet aber gelegentlich „verheilte" Klüfte, das heißt Klüfte, in denen sich z. B. Kalk ausgeschieden und so die Kluft verkittet hat. In diesem Falle bildet das Gestein wieder ein festes Ganzes und läßt sich leicht als Ganzes durchbohren.

Es ist von vornherein unwahrscheinlich, beim Bohren eine Kluft zu treffen. Die Klüfte stehen oft ungefähr lotrecht und die Bohrungen auch. In vielen Fällen werden also Klüfte und Bohrungen parallel zueinander laufen. Auch in einem dicht abgebohrten Ölfeld steht nur etwa eine Bohrung auf alle hundert Meter, und die Bohrung ist ein Loch von meist 10—30 cm Durchmesser. Nur ein Hunderttausendstel bis ein Millionstel der Fläche des Ölfeldes wird also auf diese Weise wirklich durchforscht, und nur auf einem geringen Teil der Länge des Bohrloches werden Kerne genommen, denn das Kernen ist langwierig und teuer.

Ganz anders liegt die Sache in Erdölbergwerken, von denen es aber nur wenige gibt (Wietze bei Celle in Hannover; Heide in Holstein (auflässig); Pechelbronn im Elsaß; Sărata in Rumänien). Im Bergwerk sieht man schon im Schacht alles mit eigenen Augen. Vom Schacht aus baut man „Strecken" (Tunnels), die ungefähr waagrecht verlaufen. Diese waagrechten Strecken müssen die lotrechten Klüfte schneiden. Es wäre ein Zufall, wenn Kluft und Strecke parallel laufen würden. Zudem sind die wichtigsten Klüfte die Querklüfte, die parallel zur Richtung des gebirgsbildenden Druckes laufen; diese Klüfte werden vom gebirgsbildenden Druck nicht zusammengedrückt, sondern bleiben offen. Der gebirgsbildende Druck formt die Falten senkrecht zu seiner Richtung, wie man leicht sehen kann, wenn man Tuch oder Papier zusammenschiebt. Wenn man eine waagrechte Linie auf so einer Falte zieht, so läuft sie senkrecht zur Richtung des gebirgsbildenden Druckes, damit aber senkrecht zur Richtung der Querklüfte. Wenn man also eine waagrechte Strecke in einer gefalteten Schicht vortreibt, so läuft diese Strecke senkrecht zu den Querklüften und muß diese schneiden.

Man hat solche Klüfte z. B. in Pechelbronn und in Sărata vielfach angefahren und beobachtet. In Schacht I Drainage auf dem Ölfeld Câmpina-Bucea (Rumänien) fanden wir solche Klüfte in Tonen, die über der ölführenden Schichtfolge liegen, bis zur größten Tiefe des Schachts (290 m).

Es gibt also tatsächlich Klüfte in den Erdölfeldern.

Klüfte in plastischen Gesteinen. Nun zu den Einwänden, daß Klüfte in der Tiefe oder in „plastischen" Gesteinen nicht entstehen oder nicht bestehen könnten. Diese Annahme ist schon durch das Auftreten von Klüften in dem erwähnten Schacht von Câmpina bis zu einer Tiefe von 290 m widerlegt; denn die Tongesteine, in denen die Klüfte sich befanden, wurden zum großen Teil plastisch, sobald sie naß wurden. In der Grube allerdings waren sie zunächst trocken und spröde, später nahmen sie oberflächlich aus der Luft etwas Feuchtigkeit auf. An einer Stelle wurde in einer Strecke eine alte Bohrung angefahren, in der Wasser stand; wo der Ton feucht wurde, blähte er sich und dehnte sich aus, so daß die Strecke immer wieder neu ausgearbeitet werden mußte. — Ein anderer Beweis für die Möglichkeit von Klüften in „plastischen“ Gesteinen liegt darin, daß wir solche Klüfte — auch aus Bohrungen — kennen, die wieder ausgeheilt sind; diese Klüfte waren also einmal offen und wurden im Laufe der Zeit ausgefüllt.

„Plastisch“ und „spröde“ sind nur relative Begriffe. Straßenbau-Asphalt splittert unter dem Hammer; läßt man die Stücke liegen, so „fließen“ sie auseinander. Die Schnelligkeit der Beanspruchung entscheidet darüber, wie ein Körper sich verhält. Während Salz unter dem Druck des überlagernden Gebirges im Laufe langer Zeiträume fließt, splittert und bricht es unter einem Hammerschlag; wir kennen vom Salz Verfaltungen, die an die Zeichnungen der vielfarbigen Radiergummi erinnern, und wir kennen im Salz Klüfte, die offen oder mit irgendwelchen Mineralien ausgefüllt sind.

Salsen. Wo gasführende Lagerstätten durch Klüfte mit der Erdoberfläche verbunden werden, dort strömt an der Oberfläche das Gas aus. Meist nimmt das Gas Öl und Wasser mit. Diese Flüssigkeiten bringen aus ihrer Lagerstätte Schlamm mit und nehmen auch beim Wandern von den Kluftwänden Schlamm auf. Wo einmal die Verbindung mit der Oberfläche hergestellt ist, dorthin findet eine starke Strömung statt, die die Kluft längs einer Strömungslinie zum Kanal ausbaut. Über dem Austrittspunkt dieses Kanals wird er von den Flüssigkeiten mitgeführte Schlamm abgelagert, während die Flüssigkeiten abfließen oder verdunsten. Der Schlamm häuft sich an und bildet vulkanähnliche Kegel, die „Salsen“ (Abb. 16).

Solche „Salsen“ finden wir z. B. zwischen Beciu und Berca in Rumänien. Bei einer großen Zahl von Salsen können wir aus den mitgebrachten Gesteinsbruchstücken feststellen, daß sie aus öl- und gasführenden Schichten (Mäot) stammen, die an 1000 Meter tief liegen. Die Gase, das (sehr wenige) Erdöl und ein Teil des Salzwassers der Salsen, durchqueren also von dieser Tiefe aus die

Schichten; und diese 1000 Meter bestehen vorwiegend aus Tonen, die in feuchtem Zustand großenteils plastisch sind. Hier haben wir also einen direkten Beweis für eine natürliche Wanderung quer durch 1000 m großenteils plastischer Schichten.

Es gibt also tatsächlich Klüfte auch in „plastischen" Gesteinen und auch in größeren Tiefen.

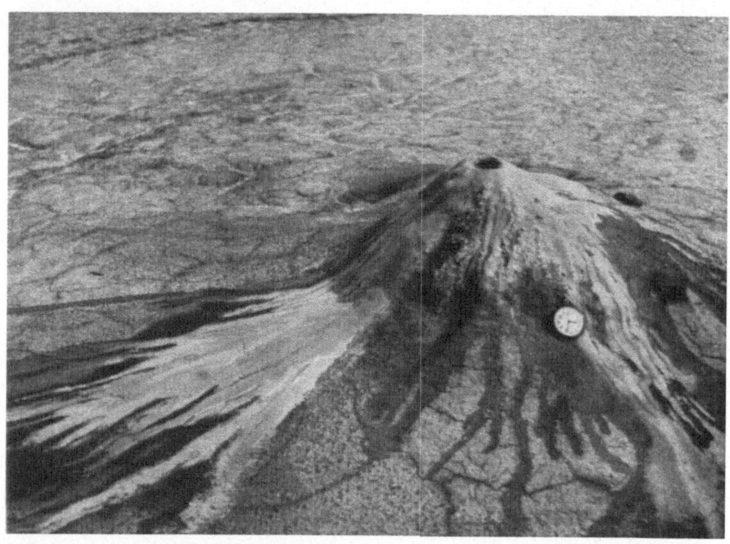

Abb. 16. „Salse": Vulkanähnlicher Kegel, aufgebaut durch erdgasführendes Schlammwasser. Pâclele mici bei Buzeu, Rumänien. Kelterborn phot. (Aus der Zeitschrift „Der Naturforscher", Jg. 12, S. 200 (1935). Hugo Bermühler-Verlag, Berlin-Lichterfelde.)

Müssen Klüfte die Erdöllagerstätten vernichten? Der letzte Einwand meint, daß auf einer offenen Kluft alles Öl und Gas zur Oberfläche käme und so verschwinden würde. Durch Klüfte könnten also Lagerstätten nur vernichtet, aber nicht gebildet werden. — Dieser Einwand setzt voraus, das alle Klüfte bis zur Oberfläche durchgehen und passierbar sein müßten; das ist aber keineswegs der Fall. Die Klüfte haben nach oben und unten und auch seitlich nur eine beschränkte Ausdehnung. — Man sehe sich einmal eine beim Trocknen zersprungene Holzplatte oder Risse in Zimmerwänden an. Meistens geht nicht ein glatter Sprung durch, sondern ein Sprung fängt dünn an, wird breiter und wieder schmaler, und wie er schmaler wird, setzt daneben ein neuer Sprung an, usw. — Wenn man einen Balken biegt, bilden sich an der konvexen Außenseite Zerrsprünge, die konkave Innenseite wird zusammengedrückt; ähnliches ist auch bei Falten innerhalb der einzelnen Schichten zu erwarten. Tatsächlich können wir z. B. an Erzgängen vielfach sehen, wie die Gänge an Dicke abnehmen und verschwinden. Auch eine durchgehende Kluft kann stellenweise verschmiert, zusammengedrückt oder sonstwie geschlossen sein. Es gibt viele Fälle, wo Klüfte in den Schichten vorhanden sind, aber nicht bis zur Oberfläche hinaufreichen oder passierbar sind.

Beweise für Spaltenwanderung. Haben wir Beweise dafür, daß das Erdöl auf solchen Klüften wandert? In manchen Salsen tritt Erdöl zusammen mit Salzwasser aus: Rußland, Rumänien, Trinidad, Kolumbien, Niederländisch-Indien usw. Alle Asphaltseen (Trinidad, Bermudez) und Asphalttümpel, „Teerkuhlen" usw. werden aus der Tiefe gespeist. In den Erdölgebieten Rumäniens und Jugoslawiens sind in Mergeln dünne Klüfte gefunden worden, die mit Ölhäuten erfüllt waren und von denen aus der Mergel auf einige Millimeter oder Zentimeter mit Öl imprägniert war (Moos; Krejci-Graf 1930).

Auf der 700-m-Sohle des Salzbergwerks Glückauf-Sondershausen fanden sich Klüfte mit Ölspuren. In Volkenroda (Thüringen) ereignete sich 1930 ein Einbruch von Erdöl; das Erdöl stammte hier aus dem ölführenden Dolomit und war auf Spalten durch 50 m Steinsalz gewandert. Ein Erdöleinbruch unterscheidet sich nur durch den wandernden Stoff von den Gas- und Wassereinbrüchen, die wir aus Bergwerken aller Art kennen. Jede Flüssigkeit und jedes Gas kann also auf Klüften wandern, das Erdöl ebenso wie Wasser oder Kohlengas usw. Ein Unterschied besteht nur in der Art und Schnelligkeit der Wanderung. Gas wandert sehr rasch und auch durch sehr kleine Hohlräume; Öl ist zäher (viskoser) als Wasser und wandert daher langsamer als Wasser, auch wird es leichter festgehalten.

In den meisten Fällen gibt eine ölführende Kluft an der Oberfläche sofort ihr Öl ab und nimmt Wasser auf (Grundwasser, Fluß-, Regenwasser usw.); denn das Wasser ist schwerer als das

Öl und sinkt in der Kluft unter, während das Öl nach oben steigt; ölführende Sande oder Klüfte „verwässern", wenn sie an der Oberfläche ausstreichen („ausbeißen"). Wir können daher im allgemeinen nicht erwarten, an der Oberfläche ölführende Klüfte zu finden; Ölbergwerke aber, in denen wir ölführende Klüfte in der Tiefe nachweisen könnten, gibt es nur sehr wenige.

Gänge von Asphalt, Erdwachs, Sandstein. Hier hilft uns etwas anderes. An der Oberfläche verliert das Öl seine leichten Bestandteile (z. B. Benzin) durch Verdunsten; es wird dabei dicker und zäher. Infolge der Einwirkung von Sauerstoff bilden sich komplizierte schwere Stoffe, die bei gewöhnlicher Temperatur fest sind. Diese festen Stoffe erfüllen schließlich die Klüfte nahe der Oberfläche. Es gibt zwei grundverschiedene Gruppen dieser festen Stoffe: die Gruppe der Paraffine und Erdwachse und die Gruppe der Asphalte. Erdwachsgänge (Klüfte, die mit Erdwachs ausgefüllt sind), wurden in galizischen und rumänischen Erdölfeldern bis in Tiefen von mehr als 200 Metern verfolgt (Abb. 17); dabei wird das Erdwachs nach der Tiefe zu weicher, enthält Reste von Öl und Gas; in Boryslaw reichen die Erdwachsgänge bis in die höchsten ölführenden Schichten. Wiederholt stieg das weiche Erdwachs in den Schächten wie eine Flüssigkeit bis nahe an die Oberfläche. Asphaltgänge kennt man in Argentinien und USA in einer Länge von mehreren Kilometern bis zu Tiefen von einigen hundert Metern und in Dicken bis zu einigen Metern. Ausgehend von Klüften, die heute mit reinem Asphalt erfüllt sind, sind oft Sande, Tone oder Kalke mit Öl, das heute als Asphalt vorliegt, imprägniert worden; so z. B. bei Vorwohle in Braunschweig und bei Matitza in Rumänien. Ein schöner aber dünner Asphaltgang findet sich auch bei Bentheim an der holländischen Grenze. Sogar in Steinsalz hat man solche Asphaltgänge gefunden; sie erinnern an die erdölführenden Spalten in Steinsalz, die wir oben erwähnten.

Wir haben früher die Salsen erwähnt, welche Wasser und Schlamm zusammen mit Erdgas und oft auch mit Erdöl fördern. In den Klüften und Kanälen, die zu solchen Salsen führen, setzt sich der Schlamm ab, wenn die Bewegung der Flüssigkeit aufhört, z. B. wenn der Gasvorrat in der Tiefe erschöpft ist, der Druck stark nachgelassen hat. Ähnliches muß in allen Klüften geschehen, die Schlammwasser führen, auch wenn diese Klüfte nicht bis an die Oberfläche reichen. Der Schlamm und Sand erhärtet im Laufe der Zeit und wir erhalten dann Sandsteingänge. Solche Sandsteingänge kennen wir aus vielen Ölgebieten, z. B. von Kalifornien, Trinidad, Rumänien, Burma usw.

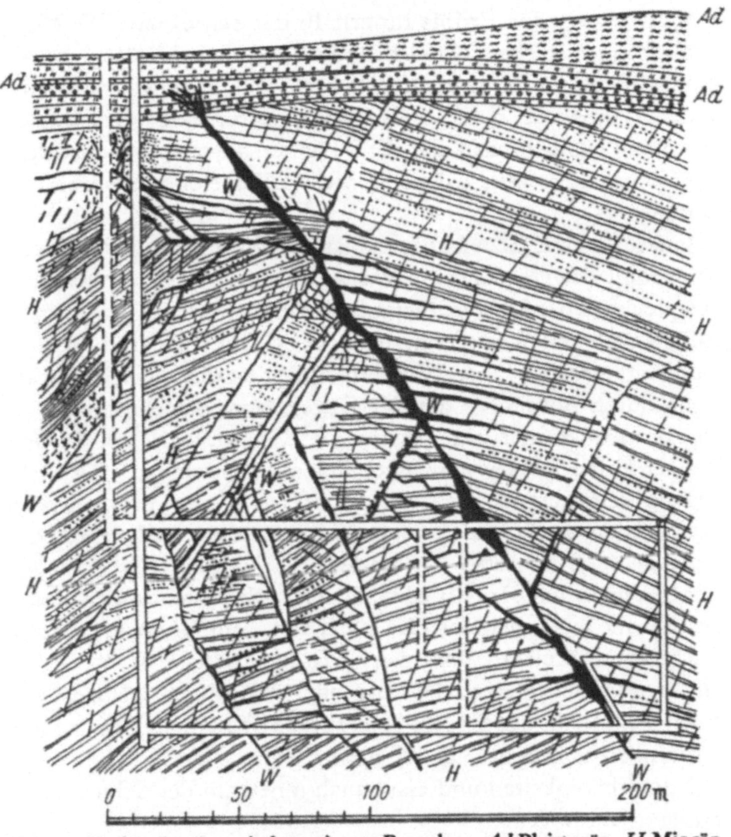

Abb. 17. Erdwachsgänge (schwarz) von Boryslaw. *Ad* Pleistocän, *H* Miocän, *W* Erdwachs. (Nach TOLWINSKI.)

Auch die gelösten Stoffe des wandernden Wassers scheiden sich aus, wenn das Wasser stehen bleibt; so bilden sich Gänge von Kalkspat, Gips usw., wie wir sie z. B. in der Nachbarschaft der deutschen Salzstöcke kennen. Der Asphaltgang von Bentheim führt außer Asphalt noch Kalkspat; auch viele andere Asphaltgänge führen außer Asphalt noch Kalkspat oder Sandstein, und auch die Erdwachsgänge in den polnischen Erdölgebieten führen meist neben Erdwachs auch Sandstein.

Es gibt also Klüfte in den Ölfeldern, und das Öl wandert tatsächlich auf solchen Klüften.

Wanderung des Erdöls innerhalb der Schichten. Die Möglichkeit einer solchen Wanderung des Erdöls auf Klüften wurde und wird bis in die neueste Zeit bestritten. Dagegen wird eine andere Annahme meist stillschweigend für selbstverständlich gehalten, nämlich, daß das Erdöl innerhalb einer Sandschicht *seitlich* beliebig weit, jedenfalls viele Kilometer weit, wandern könnte.

Innerhalb einer Schicht nimmt das Gas die höchsten Stellen ein, dann folgt das Öl, dann das Wasser (Abb. 9). Diese Anordnung entsprechend der Schwere (dem spezifischen Gewicht) setzt voraus, daß Gas, Öl und Wasser innerhalb der Schicht wandern und Platz tauschen konnten. Diese Wanderfähigkeit ist direkt nachweisbar: wenn durch Bohrungen aus der Ölzone einer Schicht Erdöl entzogen wird, dann rückt meistens die Grenze zwischen Öl und Wasser in der Schicht allmählich immer höher hinauf; Öl rückt gegen die fördernden Bohrungen, und das Wasser rückt dem Öl nach. Wenn die Bohrungen nur aus der Ölzone fördern und der Gaszone (den höchsten Teilen der Schicht) kein Gas entzogen wird, dann dehnt sich oft auch das Gas allmählich in den Raum der Ölzone aus; auch das Gas rückt also dem Öl nach. In stark erschöpften Ölfeldern führt man oft Erdgas, seltener Wasser in die ölführende Schicht ein; die Gase oder das Wasser treiben dann einen Teil des in der Schicht befindlichen Öls vor sich her zu den fördernden Bohrungen. Durch diese Beobachtungen ist bewiesen, daß die Flüssigkeiten und Gase auch innerhalb der Schichten zu wandern vermögen.

Schwierigkeiten der Wanderung innerhalb der Schichten. Es fragt sich nun, welches Ausmaß diese Wanderungen annehmen können. Schon eine Trennung durch ein paar Millimeter Ton genügt, um die Wanderung des Öls aufzuhalten; dies ist im Erdölbergwerk Pechelbronn von SCHNEIDERS beobachtet worden. Auch sind Sandschichten oft durch schräge Lagen (Diagonalschichtung, Kreuzschichtung, Abb. 4, 5) unterteilt. Sehr häufig wechselt auch die Korngrößen-Zusammensetzung der Sande; die Sande werden streckenweise tonig. In einem tonigen Sand sind aber die Zwischenräume zwischen den Sandkörnern von Ton erfüllt; für die Wanderung von Flüssigkeiten und Gasen bleiben also nur die winzigen Zwischenräume zwischen den Tonteilchen übrig. In bezug auf solche Wanderungen verhält sich ein Gestein so wie seine Füllmasse, ein toniger Sand also wie Ton.

Unser erster Einwand gegen sehr weite Wanderungen von Flüssigkeiten in Sanden heißt also: Die Sandschichten sind keine unendlich weit ausgedehnten zusammenhängenden Platten; die Zusammensetzung einer Sandschicht ändert sich häufig, wenn auch nicht immer, von Ort zu Ort.

Die Wanderung durch die Poren der Sande begegnet besonderen Schwierigkeiten. Der Querschnitt der Kanäle ändert sich andauernd und die Wände der Kanäle bestehen aus meist unregelmäßig gestalteten Sandkörnern; daher ist die Reibung groß. Eine Kluft von 0,1 mm Weite wird man nicht für besonders weit halten. Wenn wir aber einen Sand herstellen wollen, dessen Poren durchgehend nicht kleiner als 0,1 mm sein sollen, so darf der Sand keine nennenswerte Menge von Körnern unter 0,5 mm Durchmesser enthalten. Solche Sande sind, wenn sie überhaupt vorkommen, jedenfalls eine Seltenheit. Dabei würde es sich bei den Sanden um unregelmäßige Kanäle von 0,1 mm Durchmesser handeln, bei einer Kluft aber um einen seitlich sehr ausgedehnten plattigen Hohlraum von 0,1 mm Dicke. Die Reibung im Sand wäre dabei rechnungsgemäß immer noch an hundertmal größer als in der Kluft.

Die Durchlässigkeit des Sandes wird von den engen Stellen bedingt; in sehr kleinen Öffnungen nimmt auch die Zähigkeit der Flüssigkeit sehr rasch zu.

Bei Eintritt der Flüssigkeit aus den engen in die weiten Stellen fällt der Druck, und die Strömungsgeschwindigkeit verringert sich. In der Flüssigkeit gelöstes Gas kann sich hier in der Form von Gasblasen ausscheiden und sammeln. Solche Gasblasen bilden ein starkes Hindernis gegen die Wanderungen, weil sie die Poren versperren und nur als Ganzes befördert werden.

Unser zweiter Einwand gegen die Möglichkeit sehr weiter Wanderungen von Flüssigkeiten in Sanden heißt also: Die äußere und innere Reibung (Zähigkeit der Flüssigkeit, Wirbelbildung,

Gasblasensperre) ist in Sanden viel größer als in Klüften; die lichte Weite ist in Klüften sehr leicht größer als in Sanden; bei gleicher lichter Weite von Klüften und Sandporen ist der Widerstand in Klüften etwa hundertmal kleiner als in den Sandporen.

Keine rasche Wanderung innerhalb der Schichten. Diese beiden Einwände sind mehr oder weniger theoretischer Natur. Was sagt nun die direkte Beobachtung? Zunächst haben wir einige Beobachtungen, die gegen eine rasche Wanderfähigkeit sprechen: die Grenzlinie zwischen Öl und Wasser sollte theoretisch in einer Ebene liegen; praktisch weicht sie in vielen Fällen mehr oder weniger davon ab. Meist liegt sie auf der steileren Flanke tiefer als auf der flacheren und auf der tauchenden Achse tiefer als auf beiden Flanken. Ein Fall ist sogar bekannt (Ceptura, Rumänien), wo in einer Schicht das Wasser im höchsten Teile, das leichtere Öl aber auf der tauchenden Achse der Falte etwas tiefer liegt. Wir konnten zeigen, daß die Stelle, wo heute das Öl liegt, ursprünglich der höchste Teil der Schicht war (die Schichten sind dort am dünnsten), und daß sie erst bei späteren Faltungsvorgängen in ihre heutige tiefere Lage kam; Öl und Wasser haben bei dieser Faltung, und bis heute, ihren Platz nicht oder nicht wesentlich geändert; die seither abgelaufene Zeit beträgt wohl eine Million Jahre (Krejci-Graf 1930, S. 71; Marinescu S. 61).

Diese Beispiele schließen die Möglichkeit sehr langsamer Wanderungen nicht aus. Sie richten sich in erster Linie gegen die Wanderung von Öl und Gas in Tröpfchenform infolge ihrer geringeren Dichte: diese Ursache genügt offenbar nicht, um wesentlichere Wanderungen zu verursachen. Dagegen vermag die verschiedene Oberflächenspannung von Öl und Wasser Wanderungen des Öls aus feinerkörnigen in groberkörnigen Sand zu verursachen, jedoch sind die wirksamen Kräfte so schwach, daß sie sich kaum gegenüber dem Auftrieb des Öls gegenüber Wasser durchsetzen dürften. Das stimmt mit der Beobachtung überein, daß das Öl nach oben wandert. Die oben geschilderten Schwierigkeiten werden im Laufe langer Zeit dadurch erleichtert, daß die Erdkruste in, geologisch gesehen, kurzen Abständen erschüttert wird. Ein Kork am Boden eines mit Sand gefüllten Gefäßes bleibt liegen, solange das Gefäß in Ruhe ist; er steigt auf, wenn man das Gefäß rüttelt.

Beweise für Schichtwanderung. Erdöl findet man häufig an den Rändern von Becken (weiträumigen Einsenkungen der Schichten). Hier muß man oft seitliche Wanderungen erheblichen

Abb. 18. Kap Missolungi, Griechenland. (Durch die „Illuft“ vom Luftschiffbau Zeppelin erhalten.) Die Schichten fallen nach links ein. Die Brandung zerstört die Küste. Es entsteht eine Abtragungsebene in einer Tiefe von einigen Metern, aus der die härteren Schichten etwas hervorragen. Auf den Hervorragungen sitzen Algen; diese sind im Wasser kenntlich und markieren so den Verlauf der Schichten. Würden über dieser Abtragungsebene neue Schichten abgelagert, so würden diese mit den abgetragenen Schichten einen Winkel bilden („Diskordanz“, vgl. Abb. 19).

Ausmaßes annehmen, wenn nämlich das Öl in diesen Randschichten (Sanden, Schottern) nicht entstanden sein kann, während

Gesteine, die Bitumen enthalten und Öl abgeben, in der Mitte des Beckens liegen. Als Wanderweg kommt oft die Zone über und unter der Auflagerungsfläche der Beckengesteine auf den Untergrund in Frage: in dieser Zone sind vor Ablagerung der Beckenfüllung die meistens klüftigen Gesteine des Untergrundes oft durch Verwitterung angegriffen und porös gemacht worden, während die ersten Ablagerungen oft besonders grobe, großporige Schotter und Sande sind. In solchen Zonen sind häufig

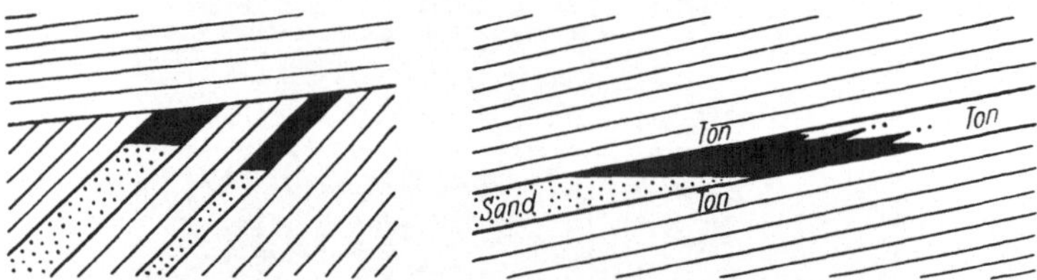

Abb. 19. Stratigraphische Fallen. Links: Sande, durch überlagernde Schichten abgeschnitten (Diskordanz) führen im höchsten Teil Öl. Rechts: Sande, die nach rechts in Ton übergehen, führen in ihrem höchsten Teil Öl.

Öllagerstätten bekannt. Wo ölgetränkte Strandsande oder Schotter auf Granit oder kristallinen Schiefern auflagern, muß das Öl eindeutig von der Seite eingewandert sein. Auch sonst scheinen größere seitliche Wanderungen in großporigen, gut durchlässigen Schichten, wie z. B. löcherigen Kalken, häufig vorzukommen.

Ein ganzer Typus von Erdöllagerstätten kann nur durch seitliche Wanderung befriedigend erklärt werden: *die stratigraphischen Fallen*. Solche Ölfallen kommen zustande, wo Schichten bei Gebirgsbildung schräg gestellt und später durch Abtragung abgeschnitten (Abb. 18) und durch neue Schichten überlagert werden (Abb. 19). Wenn nun in den schrägliegenden, abgeschnittenen Schichten durchlässige Gesteine vorkommen, können sie in den Schichtköpfen Öl führen. Wo schrägliegende durchlässige Gesteine etwa durch Ausfüllung der Poren oder durch Übergang in undurchlässige Gesteine (Tone) ein abgedichtetes höheres Ende besitzen, entstehen ähnliche Fallen, die ebenfalls ölführend bekannt sind.

An manchen Orten lassen sich größere seitliche Wanderungen ausschließen, an anderen Orten haben sie zweifellos stattgefunden. Jeder Fall muß für sich untersucht werden.

Beweise gegen Schichtwanderung. Soll aber eine Wanderung innerhalb einer Schicht über größere Erstreckung stattgefunden haben, so müssen innerhalb dieser Schicht alle örtlichen Erhebungen sich mit Gas oder Öl (oder beiden) gefüllt haben. Dabei

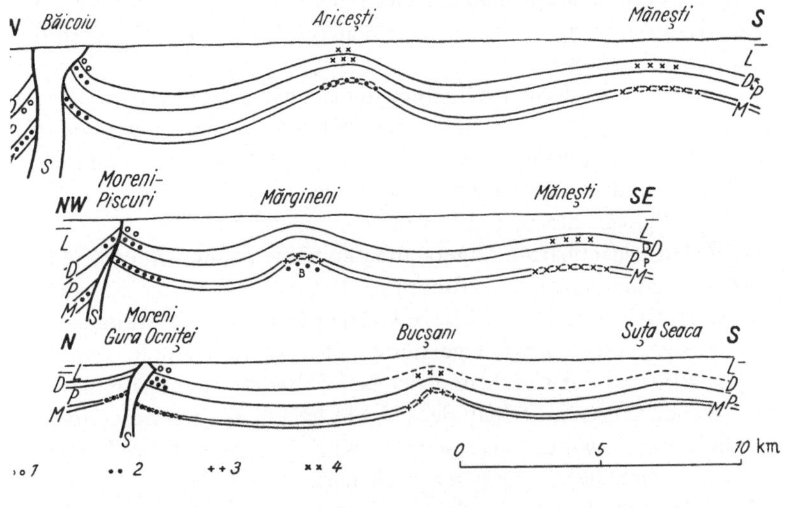

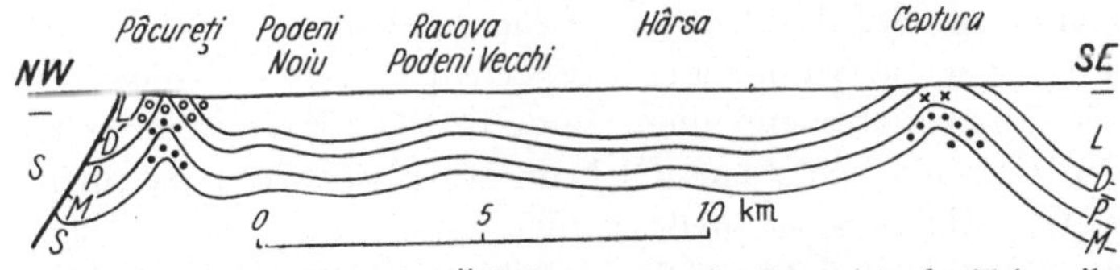

Abb. 20. Abhängigkeit der Ölführung von der Intensität der Tektonik (Rumänien). 1 Ölträнkungen, kleine Produktionen. 2 Öllagerstätten. 3 Leichtöle, Naturbenzin. 4 Gas; in Ceptura eruptives Wasser. *L* Levantin. *D* Daz. *P* Pont. *M* Maeot. *B* Buglow (Miocän). *S* Salzformation.

muß man allerdings überlegen, ob solche Aufwölbungen vielleicht erst nach der Wanderung der Flüssigkeiten gebildet sein könnten, oder ob sie ihren Gehalt an Öl oder Gas seither verloren haben könnten. Die Höhenlage eines Antiklinalscheitels spielt dabei keine Rolle, da das Öl ja in der *Aufwölbung* gefangen wird.

In vielen Gegenden spricht die Regellosigkeit des Ölvorkommens innerhalb einer bestimmten Schicht gegen weite seitliche Wanderungen des Öls. So kennen wir im norddeutschen Salzstockgebiet zwar vom Perm an in allen Schichten Öl, aber in jedem Salzstock führen nur wenige Schichten, in benachbarten Salzstöcken oft verschiedene Schichten Öl. Die Ölführung der galizischen und rumänischen Deckengebiete ist nur im Detail abhängig vom Schuppenbau der Deckfalten (Abb. 12d); im Großen ist die Ölführung abhängig von den großen flachen Quer- und Längsverbiegungen.

Im südrumänischen Ölgebiet reicht die Ölführung an den stärksten zerrütteten Stellen, den Salzstöcken, bis ins oberste Pliocän, an den weniger stark beanspruchten Falten bis ins untere Pliocän, und in den flachsten Falten reicht die Ölführung nicht bis ins Pliocän hinauf (Abb. 20).

Wo in benachbarten Lagerstätten an beiden Seiten einer Mulde verschiedene Schichten ölführend auftreten, dort ist die Einwanderung nicht seitlich erfolgt. In solchen Fällen ist die Mulde kein „Einzugsgebiet" der Öllagerstätten, ihre Breite steht in keinem Verhältnis zu der Ölführung der benachbarten Lagerstätten.

Wanderungen innerhalb der Schicht haben viel größere Widerstände zu überwinden als solche auf Klüften. Für seitliche Wanderungen nach höhergelegenen Stellen ist der Unterschied in der Schwere zwischen Gas, Öl und Wasser ausschlaggebend, wobei das wirksame Gefälle klein ist. Wanderungen von unten nach oben haben schon bei diesem Flüssigkeitstausch ein viel stärkeres Gefälle, können aber außerdem durch den Gasdruck verursacht werden oder überschüssiges Öl kann aus plastischen Gesteinen (Tonen) direkt herausgepreßt werden — bis auf den von den Tonen adsorbierten Rest. Die lotrechten Wanderungen haben zudem mit viel geringeren Entfernungen zu rechnen. Am wahrscheinlichsten dürfte die Annahme sein, daß Wanderungen senkrecht zur Schichtung und solche in den Schichten sich kombinieren.

Die Ablagerungsbedingungen der Gesteine

Wir haben gesehen, daß Gas, Öl und Wasser wandern können, und daß in den Erdöllagerstätten solche Wanderungen gelegentlich direkt nachweisbar sind. Da die organische Substanz nur einen sehr kleinen Teil der Gesamtsubstanz der Lebewesen bildet, das Erdöl aber wieder nur einen kleinen Teil der organischen Substanz darstellt, gäbe es ohne Wanderung überhaupt keine Erdöllagerstätten. Welche Kennzeichen haben wir nun dafür, ob Erdöl oder anderes Bitumen in irgendeiner Schicht entstanden ist, oder ob es erst später eingewandert ist?

Wir finden in einer Schicht Erdöl; wir wollen zunächst einmal annehmen, das Öl sei in dieser Schicht entstanden. Dann müssen wir auch annehmen, daß die Bildungsverhältnisse dieser Schicht günstig für die Bildung von Erdöl sind. Die Bildungsverhältnisse einer Schicht können wir einerseits am Gestein selbst, andererseits an den eingeschlossenen Versteinerungen erkennen.

Gesteinszusammensetzung. Wir untersuchen also die fragliche erdölführende Schicht näher, zunächst auf die Gesteinszusammensetzung. Wir prüfen, ob es sich um Ausscheidungen von gelösten Stoffen, oder um Ablagerungen von im Wasser schwebenden Teilchen handelt. Unter den Ausscheidungen geben uns jene, welche durch Eindampfen entstehen (Salz, Gips), Hinweise auf ein trockenes (Wüsten-)Klima. Kalke, Dolomite und Kieselsteine dagegen sind meist durch Lebewesen ausgeschieden worden. Bei den Kalken und Dolomiten handelt es sich oft um Korallenriffe und Kalkalgenriffe (Abb. 21), wie wir sie heute aus der Südsee, versteinert in den Kalkalpen, kennen; oder um Ablagerungen von Schalen, z. B. von Foraminiferen (Abb. 25), von Muscheln (Abb. 22) und anderen Resten, und um durch ihre Zerreibung entstandenen Sand und Schlamm, wie wir solches z. B. in Muschelkalk finden usw. Bei den Kieselgesteinen handelt es sich meist um Schalen von Kieselalgen (Diatomeen), wie z. B. bei der Kieselgur, oder um Schalen von Radiolarien („Strahlentierchen"), wie z. B. im Kieselschiefer des Harz.

Ablagerungsbedingungen. Aus der Art der Versteinerungen und ihrem Auftreten können wir nun wieder auf das Klima zurückschließen, — aber mit Vorsicht! Wir finden heute Korallenriffe nur bei Wassertemperaturen über 20^0, daher nur in den Tropen. In der Vorzeit reichte eine Wassertemperatur von 20^0 sicher viel weiter gegen die Pole (wir leben heute genau genommen in einer „Eiszeit", denn die Pole und weite Landmassen sind vergletschert). Auch wissen wir nicht, ob die andersartigen Korallen der Vorzeit dieselbe Wärme brauchten wie unsere heutigen Riffkorallen; wir kennen Korallengattungen, deren Arten um so

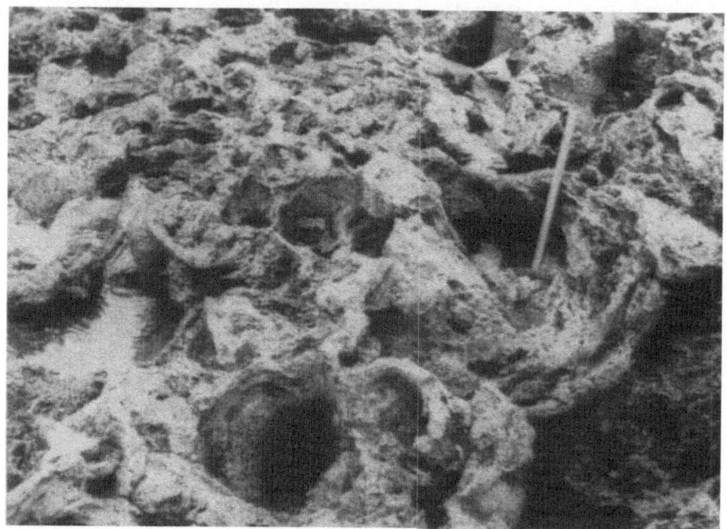

Abb. 21. Gehobenes Kalkalgenriff der Kawelabucht auf der Insel Oahu, Hawaii. Das Riff ist tot, der Riffkalk ist siebartig durchlöchert und enthält keine Spur von organischen Stoffen. Leica-Aufnahme 1933.

Abb. 22. Anhäufung zerbrochener und ganzer Schalen ohne Spur organischer Stoffe. Cape d'Aguilar, Insel Hongkong, 1931. Bleistift als Maßstab.

größer sind, je kühler das Wasser ist. Wenn wir aber in einem Gestein *nur* solche Muschelgattungen finden, die heute in den Tropen leben, dann dürfen wir das Gestein wohl als eine Ablagerung warmen Wassers bezeichnen (es muß aber keineswegs zwischen den Wendekreisen gebildet worden sein).

Bei den Ablagerungsgesteinen interessiert uns zunächst der Mineralbestand. Unter bestimmten Bedingungen von Wärme, Feuchtigkeit usw. wird auf der Erdoberfläche Kalk, Kieselsäure, Eisen usw. gelöst und fortgeführt. Wird dann das verbleibende zersetzte Gestein vom Wasser mitgenommen und wieder abgelagert, dann zeigt die Ablagerung einen verhältnismäßig hohen Gehalt an Mineralen, die dieser Zersetzung widerstehen konnten, während andere verschwunden sind, wieder andere kennzeichnende Zersetzungserscheinungen zeigen. So z. B. wird der schwarze Glimmer (Biotit) durch Eisenentzug gebleicht; die Feldspate verlieren mit der Kieselsäure den kristallinen Aufbau usw. Nach oben geht der Zersatz in den Boden über, in dem sich wiederum andere Stoffe anreichern können (Kali, Jod u. a.). In warmem, feuchtem Klima sind die Böden oft durch Eisen rot gefärbt: die Roterden und Rotlehme, die z. B. Südostasien kennzeichnen. Flüsse, die aus einem solchen Gebiet kommen (z. B. der Song Koi = „Roter Fluß" in Indochina), sind rotgefärbt. Solche rotgefärbte Ablagerungen haben wir z. B. im Rotliegenden, im Buntsandstein (Helgoland: „Rood is de Kant"), Keuper usw.

Der Mineralbestand der Ablagerungsgesteine klärt uns also über die Verwitterung auf dem zugehörigen Festland auf; von der Verwitterung aber können wir auf das Klima schließen.

Neubildungen in den eben abgelagerten Sedimenten können auf sauerstoffhaltiges Wasser (Glaukonit), oder auf sauerstofffreies Wasser im Boden (Schwefelkies) schließen lassen. Das Wasser im Boden ist nicht nur dann sauerstofffrei, wenn das Wasser über dem Boden sauerstofffrei ist, sondern auch dann, wenn das angelieferte organische Material zum Verbrauch des Sauerstoffs im Bodenwasser ausreicht; bei diesen Umbildungen spielen Bakterien eine wesentliche Rolle.

Die Korngröße gibt einen Anhaltspunkt für die Schnelligkeit der Wasserbewegung. Ein Wildbach rollt Blöcke, ein ruhigfließender Strom trägt nur mehr Tontrübe. Ebbe- und Flutstrom können, besonders in engen Rinnen, große Geschwindigkeit haben und grobe Sandkörner bewegen. Dabei können am Meeresboden Rinnen, Täler und Löcher ausgewaschen und abgelagertes Material umgelagert werden.

Die Zusammensetzung aus verschiedenartigen und verschiedengroßen Körnern läßt ebenfalls Schlüsse auf die Ablagerung zu. Bei Bewegung durch Eis oder Schwerkraft, also bei Ablagerungen von Gletschern, Berg- oder Gehängerutsch, Schuttströmen und Wildbächen gibt es keine Sonderung, alle Größenklassen finden sich durcheinander. Wasser und Wind aber sondern nach Korngröße und spezifischem Gewicht. Körner irgendeiner Größe wiegen dann vor, die anderen Größenklassen treten zurück. Das ist besonders bei windgeblasenen Dünensanden, oder manchen von Ebbe und Flut, oder in Flußwirbeln wieder und wieder umgelagerten Sanden der Fall; ferner auch bei den Ablagerungen sehr langsam fließenden Wassers, oder weither kommender Ströme: in beiden Fällen wird nur mehr feines Material mitgeführt.

Die Korngestalt sagt uns etwas über die Länge des Transportweges. Vollkommen runde Körner müssen, wenn sie aus hartem Material bestehen (z. B. Quarz), über eine lange Strecke oder während langer Zeit (z. B. in der Brandung oder im Bereich von Ebbe und Flut) bewegt und aneinander abgerieben worden sein. Scharfeckige Körner können keinen langen Transport in Wasser hinter sich haben. Auch der Windtransport rundet, schleift aber noch viel mehr in größere Steine (Windkanter) Flächen, Grübchen usw. Gletschertransport dagegen rundet nicht, aber das Material wird zerkratzt, wenn ein Stück am andern scheuert.

Auch aus der Schichtung können wir vieles über die Ablagerungsbedingungen herauslesen. In ruhigem Wasser legt sich Schicht auf Schicht parallel. Die Ablagerungsbedingungen können sich mit der Jahreszeit (z. B. viel Wasser und viel Ablagerung im Frühjahr, viel organische Stoffe im Herbst, wenig Sauerstoff unter dem Eis im Winter), oder gelegentlich (z. B. nach starkem Regen), ändern. Diese Änderung spiegelt sich in der Art des abgelagerten Materials, also in einem mehr oder weniger regelmäßig wiederkehrenden Wechsel der Schichten. Unter bewegtem Wasser wird der Sand zu großen oder kleinen Wellen (Rippeln) zusammengetrieben; ähnlich treibt der Wind die Dünen zusammen. Solche Sandablagerungen zeigen eine Schicht, die bald schräg nach oben, bald schräg nach unten läuft, wie eben die Begrenzung der Rippeln oder Dünen verlief, ehe sich neuer Sand darüberlegte; man nennt das „Kreuzschichtung“, obwohl die Schichten einander natürlich nicht kreuzen (Abb. 5). Gerinne in weichen, jungen Ablagerungen werden von starken Strömungen leicht andauernd seitlich verlegt (z. B. in den „Prielen“ des Wattenmeeres); an der einen Seite der Rinne wird dabei Material weggenommen, auf der anderen Seite wird Material auf den schrägen Hang der Rinne aufgelagert. Dabei entsteht eine Schichtung, die schräg (nicht waagrecht) verläuft; dabei liegen aber die einzelnen Schichten parallel übereinander (Abb. 4), nicht wie bei der Kreuzschichtung, bei der die Schichten verschieden laufen; ähnliche Schrägschichtung tritt auch in Fluß-Deltas auf.

Lebensbedingungen der versteinerten Lebewesen. Art der Ablagerung und Zusammensetzung des Gesteins verraten uns also einiges über die Ablagerungsbedingungen, Strömungen, Klima usw. Zu weiteren Schlüssen verhelfen uns die Reste der Lebewesen (Versteinerungen), die wir in den Schichten eingeschlossen finden.

Wir haben schon oben, bei den Kalkriffen, erwähnt, daß die Funde mancher Lebewesen z. B. etwas über die Wassertemperaturen aussagen können. Ferner können wir mit Hilfe von Versteinerungen Ablagerungen des Meeres, des Süßwassers und vermischten Wassers (Brackwassers) unterscheiden. Ganze große Tiergruppen kommen nur im Meere vor (Radiolarien, Korallen, Echinodermata, Cephalopoda); von den Pflanzen finden sich viele Gruppen von Algen nur im Meere (fast alle Rotalgen und Braunalgen). Andere große Tiergruppen und Pflanzengruppen fehlen dem Meere, so fast alle Insekten, die meisten Lungenschnecken (Pulmonata), die Klasse der Conjugaten unter den Jochalgen usw. Nur im Süßwasser leben z. B. die Verwandten unserer Flußperlmuschel (Unionacea), der Posthornschnecke (Lymnaeacea), die meisten im Wasser lebenden Blütenpflanzen (die wichtigste Ausnahme hiervon sind das Seegras *Zostera* und seine Verwandten, die im salzigen Wasser leben). In vielen Tier- und Pflanzengruppen findet man sowohl Formen, die im Meerwasser vorkommen, als auch Formen, die im Süßwasser leben. So finden sich die meisten Formen von Foraminiferen im Meerwasser; im Brackwasser kommen zwar oft ungeheure Mengen von Foraminiferen vor, diese gehören aber nur zu wenigen Arten; einige Arten leben auch in Süßwasser. Bei manchen Formen kann man dabei beobachten, daß sie im Meerwasser eine dicke Kalkschale haben, im Brackwasser eine dünne Kalkschale oder eine kieselige Schale und im stark ausgesüßten Wasser nur mehr eine chitinöse (hornartige) Schale. Seen von salzigem Wasser können auch durch Eindampfen von Flußwasser entstehen; solches Seewasser hat dann einen eigentümlichen Salzgehalt, der von dem des Meerwassers (und verdünnten Meerwassers) verschieden ist; solche Seen haben dann auch eine eigentümliche charakteristische Lebewelt (z. B. die Dreisseniden-Cardiiden-Faunen des Kaspi; aus der geologischen Vergangenheit (Unterpliocän) entsprechende Faunen in Südost-Europa).

Sauerstoff im Ablagerungsraum. Noch einen wichtigen Zustand des Lebensraumes können wir aus dem Gestein und den Versteinerungen erkennen: den Sauerstoffgehalt des Wassers, in dem die betreffenden Schichten abgelagert wurden. — Alle nicht schmarotzenden Tiere, und mit Ausnahme mancher Einzeller und einiger Pilze auch alle Pflanzen, brauchen Sauerstoff zur Atmung. In sauerstofffreiem Wasser leben keine Tiere und keine höheren Pflanzen. Wenn das Wasser nur am Boden keinen Sauerstoff enthält, dann gibt es zwar am Boden keine höheren Lebensformen, wohl aber in den höheren, sauerstoffhaltigen Wasserschichten. Die Reste der Tiere und Pflanzen der höheren Wasserschichten sinken nach dem Tode zu Boden. Wir erhalten Ablagerungen, in denen es keine Versteinerungen von festsitzenden oder sonst am Boden lebenden Tieren und Pflanzen gibt, wohl aber Reste von schwimmenden und treibenden Lebewesen.

Wo Tiere am Boden leben, dort fressen sie die organischen Substanzen aus den oberflächlichen Ablagerungen und reinigen das Sediment auf diese Weise. Wo Tiere am Boden leben können, muß das Wasser sauerstoffhaltig sein; in sauerstoffhaltigem Wasser verwesen die organischen Stoffe, d. h., sie verbinden sich mit Sauerstoff zu Kohlensäure, Wasser usw. und verschwinden so aus den Ablagerungen. Nur mineralische Skelette aus Kalk, Kiesel usw. bleiben unter Umständen übrig. Die Ablagerungen in sauerstoffhaltigem Wasser werden also auf doppelte Weise von organischen Stoffen gereinigt; es bleiben daher nur mineralische Ablagerungen ohne organische Stoffe, oder mit nur geringen Mengen organischer Stoffe. Diese geringen Mengen sind Reste, die den Fressern entgangen sind, und so rasch in der Ablagerung zugedeckt wurden, daß sie nicht Zeit hatten, vollständig zu verwesen. In den fast abgeschlossenen Kammern von Foraminiferen und Bryozoen (Moostierchen) finden sich gelegentlich solche Reste.

Wenn das über dem Boden stehende Wasser keinen Sauerstoff enthält, dann gibt es am Boden keine Tiere und keine Verwesung. Daher werden die aus den höheren Wasserschichten niedersinkenden Tier- und Pflanzenleichen nur durch Bakterien umgebildet, sie verfaulen. Diese Ablagerungen sind deshalb mehr oder weniger reich an organischen Stoffen; wie reich, darüber entscheidet das Verhältnis der angefrachteten Mengen organischer und mineralischer Stoffe. — In gleicher Weise verfaulen aber auch die organischen Reste, die in den Ablagerungen sauerstoffhältigen Wassers eingeschlossen werden, ehe sie Zeit hatten zu verwesen; das ist besonders dort der Fall, wo viele organische Stoffe angeliefert werden und wo der Sauerstoffgehalt des Wassers gering ist, wie z. B. in Buchten und Tiefstellen der Gewässer. Hier läßt die Kraft der Strömungen nach, die mitgeführten Leichenteile sinken nieder und zehren bei ihrer Verwesung den Sauerstoffgehalt des Wassers teilweise auf. An diesen Stellen können dann nur noch wenige Tiere leben, die besonders an sauerstoffarmes Wasser angepaßt sind. An den Versteinerungen können wir solche Ablagerungen, die ebenfalls große Mengen organischer Stoffe enthalten können, deutlich von den Ablagerungen fauler (sauerstoffloser, schwefelwasserstofführender) Wasser unterscheiden.

Heute wird der Boden des Atlantik durch Strömungen sauerstoffreichen Kaltwassers von den Polen aus durchlüftet. Im Tertiär, wo polare Eiskappen fehlten und die Tiefseetemperatur bei 10^0 lag (Emiliani), wird auch die Durchlüftung schlecht gewesen sein, wie heute im Pazifik (Schott). Infolge Massenproduktion und Massensterbens gibt es heute sauerstoffloses Überbodenwasser nicht nur in abgeschlossenen Becken (Norwegische Fjorde: Strøm; Schwarzes Meer: Wolanski), sondern auch im freien Meer (Golf von Oman, Walfischbucht). In der geologischen Vergangenheit, ohne die polare Kaltwasserlüftung, waren solche Vorkommen sicherlich zahlreicher.

Ablagerungstypen. Wir unterscheiden drei Ablagerungstypen (H. SCHMIDT):

1. Die Ablagerungen sauerstoffreichen *frischen* Wassers, mit Versteinerungen von am Boden lebenden Tieren und Pflanzen. Diese Ablagerungen sind (ganz oder fast) frei von organischen Stoffen, es sind mineralische Ablagerungen.

2. In mehr oder weniger sauerstoffarmem, *stillem* Wasser bilden sich Ablagerungen, die außer Resten von schwimmenden und treibenden Lebewesen nur Reste von solchen Bodentieren enthalten, die besonders an Sauerstoffarmut angepaßt sind. Solche Ablagerungen können wenig oder viel organische Stoffe enthalten. Außer mineralischen Gerüststoffen finden wir besonders auch organische Gerüststoffe (Horn, Chitin, Pentosan usw.). Die Fette und Eiweißstoffe werden oft in Leichenwachs verwandelt, die Versteinerungen sind in vollem Zusammenhang oft prachtvoll mit versteinerten Weichteilen erhalten. — Eine solche Ablagerung nennen wir *Gyttja* oder Halbfaulschlamm. — Ganz ähnlich sind auch die Umbildungsbedingungen in den *Schlicken.* Die Schlicke sind Sedimente mit geringen Mengen organischer Substanz, die aber für die Art der Ablagerung, vor allem für Konsistenz und Zusammenhalt der abgelagerten Teilchen, von wesentlicher Bedeutung ist; oft bilden zusammenhängende Schichten von Lebewesen und/oder deren Ausscheidungen die Oberfläche.

3. Die Ablagerungen sauerstofffreien *faulen* Wassers enthalten kein Bodenleben, außer Bakterien. Die Reste schwimmender oder treibender Lebewesen sind von Bakterien zersetzt worden, die einzelnen Skelett-Teile daher oft ohne Zusammenhang, die organischen Stoffe ohne Gewebestruktur. Die Ablagerungen enthalten wenig oder viel organische Stoffe. Solche Ablagerungen nennen wir (Voll-)Faulschlamme oder Sapropele (sapros = faul, pelos = Schlamm).

Nahrungsverteilung in den Gewässern. Außer Wärme, Wasserbewegung, Salzgehalt und Sauerstoffgehalt des Wassers gibt es noch einen sehr bedeutsamen Faktor für das Leben von Tieren und Pflanzen: die Nahrung. Nur Pflanzen können aus den

Stoffen der unbelebten Natur, der Hauptmenge nach aus Wasser und Luft (Kohlensäure), ihren Körper aufbauen. Darum stammt alle organische Substanz letzthin von diesen „autotrophen" Pflanzen. Zu dieser Verwandlung von Kohlensäure und Wasser in organische Stoffe brauchen die meisten Pflanzen aber Licht; darum finden sich solche Pflanzen in größeren Mengen nur in den obersten hundert Metern des Wassers. Sie finden sich um so tiefer, je klarer das Wasser ist; bei zweihundert Meter Wassertiefe ist aber praktisch vollständig Nacht, wenn auch geringste Lichtspuren noch bis gegen vierhundert Meter reichen. — So ganz nur mit Wasser und Luft kommen aber die Pflanzen nicht aus. Wir wissen ja vom Getreide, daß wir z. B. Kali, Stickstoff und Phosphor als Dünger zugeben müssen, wenn der Boden ertragfähig bleiben soll. So steht es auch mit den Pflanzen, die im Wasser leben; ihr Wachsen und Gedeihen ist abhängig vom Stickstoff-(= Nitrat-)Gehalt und Phosphatgehalt des Meerwassers. Viele Pflanzen (und Tiere) brauchen für ihre Skelette mineralische Stoffe, z. B. Kalk oder Kieselsäure. Endlich gibt es Stoffe, die zwar nur in winzigen Mengen gebraucht werden, aber in diesen winzigen Mengen für das Leben ebenso wichtig sind wie etwa Phosphor und Stickstoff; dazu gehören z. B. Eisen, Zink, Kupfer, Molybdän usw.

Alle diese Stoffe werden dem Meere zunächst aus den Verwitterungs- und Abtragungsstoffen des Festlandes zugeführt. Daher finden wir die reichsten Vorkommen solcher Meerespflanzen an den Küsten, in Binnenmeeren oder in Strömungen, die festländische Stoffe mit sich führen. Auch das Tiefenwasser des Meeres ist reich an Phosphaten und Nitraten, da in der Tiefe mit dem Licht auch das Pflanzenleben fehlt, das diese Stoffe verbrauchen würde, und der Zerfall niedersinkender Leichen solche Stoffe anliefert. Wo die Winde dauernd so wehen, daß das Wasser vom Lande weggetrieben wird, steigt als Ersatz Tiefenwasser auf, dessen Nahrungsreichtum zu reichem Pflanzen- und Tierleben führt.

Der Nahrungsreichtum des Küstenwassers wird oft direkt sichtbar. In Küstennähe ist das Wasser meist grün, im freien Meer blau. Die Grünfärbung ist zum Teil bedingt durch grüne Algen. „Blau ist die Wüstenfarbe des Meeres" (Schütt).

Von den autotrophen (von anorganischen Stoffen lebenden) Pflanzen hängt das Leben der Tiere ab. Im seichten Wasser der Küste (und ganz besonders in flachen Buchten oder Seen) spielen bei der Ersterzeugung der organischen Stoffe auch bodenfeste Pflanzen eine große Rolle. Im Meer aber — und selbst in großen tiefen Seen — ist der pflanzenbewachsene Küstenstreifen so schmal im Verhältnis zur Gesamtfläche, daß für die Ersterzeugung organischer Stoffe nur die (größtenteils winzig kleinen) Schwebepflanzen von Bedeutung sind. Von den schwebenden Pflanzen der lichtdurchfluteten Oberflächenschicht des Wassers nähren sich zunächst zahllose schwebende und schwimmende Tierchen, von diesen wieder andere Tiere usw. Die Zone reichsten Lebens im Meere liegt an der Oberfläche oder der Oberfläche ziemlich nahe. Die Reste dieser Lebewesen aber sinken nach dem Tode ab und bilden die Nahrung von Tieren, die in tieferem Wasser leben und die ihrerseits wieder anderen Tieren zur Beute dienen. Das geht so weiter bis zum Meeresgrund, vorausgesetzt, daß das Wasser genügend Sauerstoff besitzt. Am Meeresboden sitzen und kriechen Tiere, die solche lebenden und toten organischen Teilchen aus dem Wasser fischen (viele Muscheln und Würmer leben so). Andere Tiere fressen einfach den Schlamm, verdauen die organischen Stoffe und scheiden den Ton und Sand wieder aus.

Soweit das Licht und damit die autotrophe Pflanzenwelt reicht, soweit finden wir auch Pflanzenfresser. Unterhalb dieser Zone finden wir dann nur noch Tiere, die Leichen oder Fleisch fressen. Die bodenbewohnenden Tiere, welche organisches Zerreibsel fischen oder Schlamm fressen, finden sich meist in weniger tiefem Wasser und nahe der Küste, weil nur da viel Zerreibsel im Wasser, und verhältnismäßig viel organische Substanz im Schlamm sich findet. Im Schlamm selbst enthält nur die braune Oberflächenzone der Schlicke und Gyttjen verdauliche Stoffe; die schwarze Tiefenzone der Schlicke und Gyttjen, sowie die Faulschlamme, sind für Tiere praktisch unverdaulich.

Rückschluß von den Fossilien auf die Lebensbedingungen. Es ist schwierig, von den versteinerten Resten auf Licht, Tiefe und Nahrung rückzuschließen. Was wir an Resten von Schwebewesen (Plankton) finden, kann von weither zusammengeschwemmt sein. Einen direkten Einfluß der Wassertiefe auf Lebewesen und

Ablagerung können wir nur sehr selten feststellen, z. B., wenn Tiefseetiere gefunden werden. Der Einfluß großer Wassertiefe äußert sich meist derart, daß wir Ablagerungen ruhigen Wassers mit Lebewesen einer lichtlosen Zone finden. Die Ablagerungen stiller Buchten mit trübem Wasser erscheinen daher oft ganz ähnlich ausgebildet. Wir leben heute in einer Zeit, wo die Tiefsee durch die kalten Polarströme gelüftet wird; in normalen Zeiten, wo die Pole keine Eiskappen trugen, muß das Leben der Tiefsee anders ausgesehen haben als heute. Immerhin können wir einiges sagen: Korallenriffe, in denen unzählige Tierchen Beute fischen, können ihre Lebenszone nur in bewegtem, lebensreichem Wasser haben, also in einer oberflächennahen Zone des Wassers. — Wo sich ganz vorwiegend Reste fleischfressender Schnecken finden, sind wir meist wohl unterhalb der Zone der Pflanzen, also etwa in einer Wassertiefe von 200 m oder tiefer. Wo wir Tiefseefische mit riesigen Mäulern und Leuchtorganen finden (karpatische Fischschiefer), sind wir im Gebiet der ewigen Nacht des Meeres, also wohl bei 400 m oder tiefer, usw.

Beziehungen zwischen Ablagerungsbedingungen und Erdölführung der Gesteinsschichten

Ursprünglicher Mineralgehalt, Korngröße und Korngestalt, Schichtung der Ablagerungen, Neubildung von Mineralen (Schwefeleisen, Glaukonit), die Lebewelt und ihre Erhaltung: aus alledem können wir Schlüsse ziehen auf die Art des Gewässers, die Wasserbewegung, den Gehalt an Salzen, an Sauerstoff, die Wärme, Durchleuchtung, Tiefe des Wassers, usw. Finden wir nun in einem Gestein Erdöl, so versuchen wir es zunächst mit der Annahme, daß die am Gestein ablesbaren Bedingungen für die Erdölbildung günstig seien. Dann gehen wir einen Schritt weiter und untersuchen, ob überall dort, wo wir gleiche Bedingungen wiederfinden, auch Erdöl vorkommt; oder, wenn schon nicht gerade Erdöl, so doch Stoffe, aus denen sich Erdöl bilden kann, oder aber Stoffe, die sich aus Erdöl gebildet haben, oder Stoffe, die bei der Erdölbildung übrigbleiben (abfallen).

Erdölführung einer bestimmten einzelnen Schicht. Wir machen uns die Sache zunächst möglichst einfach. Wir sehen uns

Gestein und Versteinerungen einer Schicht genau an, und suchen dann alle Stellen auf, wo dieselbe Schicht mit demselben Gestein und denselben Versteinerungen vorkommt. Wir suchen nun, wo diese Schicht als Sattel, als Salzstockflanke, oder an einer Seite einer Bruchscholle zu einer Höchstlage ansteigt; dort müßte sich dann Erdöl finden, wenn tatsächlich das Erdöl sich in der fraglichen Schicht gebildet hat, wenn also die an der Schicht beobachteten Bedingungen jene sind, bei denen sich Erdöl bildet.

Machen wir diesen Versuch, so sehen wir bald, daß die Sache oft nicht stimmt. In Deutschland z. B. gibt es mehr als 200 Salzstöcke, an deren Flanken im wesentlichen dieselben Schichten aufgeschleppt sind. Aber nicht an allen Salzstöcken finden wir Erdöl, und auch an diesen nicht überall in denselben Schichten. Dasselbe ist in Polen, Rumänien (Abb. 20), usw. der Fall.

Die tertiären Schichten vor den Alpen und Karpaten haben vom Mittelmeer bis zum Wiener Becken, und wieder von da bis nach Westgalizien keine nennenswerte Öllagerstätte geliefert. Zwischen Ostgalizien und Südrumänien finden sich zwar überall Ölspuren, aber nur bei Bacau wirkliche Ölfelder. Erst die südrumänische Bucht hat sehr reiche Lagerstätten in der Osthälfte ihrer Nordseite, weniger in der Westhälfte und nichts an der Südseite. Wenn man nicht erklären will, wie das Erdöl in den produktiven Gebieten entstanden ist, wird man erklären müssen, warum es so vielen Gebieten fehlt.

Wir sagen in solchen Fällen: das Erdöl ist unabhängig vom geologischen Horizont (= einer bestimmten Schicht); *das Vorkommen des Erdöls ist regional unstetig.*

Das stimmt aber nicht zu der Annahme, daß das Erdöl in der betreffenden Schicht entstanden sei: denn dann müßten wir überall dort, wo dieselbe Schicht in derselben Ausbildung vorhanden ist, in entsprechenden Bauformen (Sätteln, Salzstockflanken usw.) auch tatsächlich Erdöl finden. Wo das der Fall ist, nehmen wir ortsständige Entstehung an, wo es nicht der Fall ist, nehmen wir Einwanderung an.

Erdölführung von Gesteinen einer bestimmten Ausbildungsart. Nun gehen wir wieder einen Schritt weiter: wir stellen an einer erdölführenden Schicht die Gesteinsausbildung und den Versteinerungsinhalt fest; dann suchen wir andere Schichten gleicher Gesteinsausbildung und entsprechenden Versteinerungsinhaltes (d. h. gleicher Fazies), und sehen, ob diese Schichten — wieder in günstiger Lage (Sättel, usw.) — Erdöl führen.

Wir sagten eben „gleiche Gesteinausbildung" und „entsprechender Versteinerungsinhalt". SALOMON-CALVI hat mit jener leichten Übertreibung, die für ein gutes Merkwort nötig ist, gesagt: „Nach dem ältesten Archaikum hat sich jedes Gestein zu jeder Zeit der Erdgeschichte gebildet". Schotter, Sand, Ton, Kalk und Dolomit, Salz, Gips, Kohle, usw., haben sich immer irgendwo auf der Erde gebildet. Wir können also gleiche Gesteinausbildung bei gleichen Ablagerungsbedingungen zu jeder geologischen Zeit erwarten, denn die Gesteinsbildung wird in erster Linie von chemischen und physikalischen Ursachen bedingt: von der Fällung beim Zusammentreffen verschiedener Lösungen, von der Ausscheidung beim Eindampfen von Lösungen; von den Bedingungen des Transports in bewegtem Wasser, im Gletscher, im Wind, usw. Wir haben nicht den geringsten Anhaltspunkt daran zu zweifeln, daß die Gesetze der Physik und Chemie zu allen Zeiten dieselben waren; sie sind dieselben im ganzen Kosmos bis in die fernsten Tiefen des Raumes.

Anders ist es mit den Lebewesen. Die Lebewelt ist in ständiger Entwicklung begriffen. Neue Tierformen entwickeln sich, alte sterben aus. So sind in der Eiszeit der braune Bär und der heutige Mensch entstanden, der Höhlenbär und der Neandertalmensch aber ausgestorben. — Auf seiner letzten Jagd schlug Siegfried „einen Wisent und einen Elch, starker Ure viere und einen grimmen Schelch". — Der Elch hält sich noch, der Wisent ist am Aussterben, der Ur ist zu Beginn der Neuzeit ausgestorben, und vom Schelch weiß niemand mehr zu sagen, was er gewesen sein mag: das ausgestorbene Wildpferd, oder der ebenfalls ausgestorbene Riesenhirsch?

An die Stelle aussterbender Tiere treten andere, oft besser organisierte. Diese Aufeinanderfolge verschiedener Tiere und Pflanzen ermöglicht uns die geschichtliche Anordnung der Ereignisse auf unserem Planeten. Die Art der Aufeinanderfolge ist an vielen Stellen festgestellt, und dann weit, oft um den Erdball herum, verfolgt worden. Besonders für die Hochsee gilt der Satz: gleiche Zeiten und gleiche Umwelt (Klima), gleiche Lebewesen; verschiedene Zeiten, verschiedene Lebewesen, auch im selben Klima.

Darum sprechen wir zwar von *gleichem* Gestein, aber nur von *entsprechenden* Versteinerungen.

Wir stellen also Gesteinsausbildung und Versteinerungsinhalt einer erdölführenden Schicht fest und suchen andere Schichten gleicher Gesteinsausbildung und entsprechenden Versteinerungsinhaltes. Wir nehmen zunächst versuchsweise an, daß die Ablagerungs- und Lebensbedingungen der zuerst untersuchten erdölführenden Schicht günstig für die Entstehung von Erdöl seien. Dann müßten dieselben Bedingungen jederzeit, also auch in allen anderen gleichartigen Schichten, günstig für Erdölbildung sein. Wir würden also erwarten, in Antiklinen usw. überall dort Erdöl zu finden, wo wir Schichten dieser Ausbildungsart finden. Wir müßten dann auch erwarten, daß wir in den heutigen Ablagerungen dieser Ausbildungsart die Urstoffe der Erdölbildung finden würden.

Diese Betrachtungen treffen meist wieder nicht zu. Ebensoselten, wie das Erdöl in einer bestimmten Schicht „horizontbeständig“ (d. h. regelmäßig mit dem Auftreten der Schicht verknüpft) ist, ebensoselten ist es im allgemeinen an eine bestimmte Ausbildungsart der Schichten gebunden. Wir erwähnten schon, daß Erdöl in Schichten jeglicher Ausbildungsart vorkommt: in Tonen, Sanden, Schottern, Kalk, Gips, Salz, Kohle, ja in den Magmagesteinen Granit, Diabas, Serpentin, Basalt; in Ablagerungen normalen Meerwassers, Brackwassers, Süßwassers; in Ablagerungen hochgradig eingedampfter Salzseen, und wenig konzentrierter Salzwasser, die aus eingedampftem Flußwasser entstanden; in Ablagerungen des festen Landes; in Ablagerungen kalten, gemäßigten, tropischen Klimas; in Ablagerungen frischen, stillen und faulen Wassers; in Ablagerungen, die nur aus Resten versteinerter Lebewesen bestehen; in Ablagerungen, in denen nur Spuren, Fährten und Bauten von ehemals vorhandenem Leben erzählen; und in Ablagerungen, denen jegliches Anzeichen von Leben fehlt, usw. Es ist äußerst unwahrscheinlich, daß alle diese Ablagerungen gleichermaßen günstig für die Erdölentstehung seien. Auch können wir beobachten, daß viele dieser Ablagerungen heute, also bei ihrer Entstehung, nur geringste Spuren von Stoffen enthalten, aus denen sich Erdöl bilden könnte. Geringste Spuren aller Stoffe sind aber überall vorhanden; denn in der Natur gibt es keine vollkommen abgeschlossenen Räume. Wenn solche geringste Spuren zur Erdölbildung ausreichen, müßte sich Erdöl überall finden. Es ist aber leider noch seltener als etwa Kohle.

Das Vorkommen nutzbaren Erdöls ist also auch unabhängig von der Ausbildung einer Schicht, von Gestein und Versteinerungsinhalt, von Ablagerungs- und Lebensbedingungen. Für „Ausbildungsart“ verwendet die Wissenschaft den Fachausdruck „Fazies“; wir sprechen daher von der *faziellen Unabhängigkeit der Erdölvorkommen.*

Erdölführung und Gebirgsbau. Diese Versuche, Zusammenhänge zwischen Erdölvorkommen und Ausbildung der ölführenden Schichten zu finden, waren also erfolglos. Dagegen hatte sich, wie wir gleich eingangs erzählten, ein praktisch sehr bedeutsamer Zusammenhang herausgestellt zwischen den geologischen Bauformen (Sätteln, Salzstöcken, Bruchschollen usw.) und den Erdölvorkommen. Dieser Zusammenhang beschränkt sich nicht darauf, daß das Erdöl stets in erhobener Schichtlage auftritt. Wir finden vielmehr auch, daß bei stärkerer Beanspruchung der Schichten die Erdölführung in höhere Schichten hinaufreicht als bei schwacher Beanspruchung der Schichten. So sind z. B in den Sätteln (Antiklinen) die Schichten nur gefaltet, in den Salzstöcken aber von dem plastischen Salzkern durchstoßen und zerrissen. Dementsprechend findet sich z. B. in den rumänischen Sätteln das Erdöl nur im Unterpliocän, während an den Salzstöcken (und nur an den Salzstöcken) die Erdölführung bis ins Oberpliocän reicht (Abb. 20). Dabei nimmt nach oben die Reichweite der Erdölführung ab, das Erdöl erstreckt sich in höheren Schichten weniger weit weg vom Faltenscheitel oder vom Salzstock. Der Paraffingehalt des Erdöls nimmt im allgemeinen nach oben ab; über den höchsten erdölführenden Schichten finden sich oft gasführende Schichten usw.

Das Vorkommen des Erdöls ist also oft von der Art und der Stärke der gebirgsbildenden (tektonischen) Vorgänge abhängig. Innerhalb einer geologischen Bauform nimmt das Erdöl oft einen Raum ein, der kegelförmig (Abb. 13) oder zylindrisch (Baku) begrenzt ist, und quer durch die Schichten durchgreift. Dabei ist es gleichgültig, ob diese Schichten direkt aufeinanderfolgen oder ob sie durch Zeiträume von hundert Millionen Jahren und mehr getrennt sind; ob die Schichten normal aufeinanderfolgen oder erst nach der Ablagerung, bei der Gebirgsbildung, übereinandergeschoben wurden; ob sich die Schichten noch in ihrer ursprünglichen Lagerung befinden oder ob sie verkehrt liegen, so daß die Oberfläche heute nach unten liegt. Wir sprechen von der *tektonischen Abhängigkeit der Erdöllagerstätten.*

Abhängigkeit von der Gebirgsbildung und der Bauform der Schichten; Durchgreifen der Ölführung quer durch die Schichten, unbekümmert um das Alter der Schichten und die natürliche Lage der Schichtfolge; Änderung in der Reichweite der Ölführung nach oben: all dies spricht für eine Einwanderung des Erdöls von unten her.

Unabhängigkeit des Erdöls von den Ablagerungsbedingungen. Unabhängigkeit des Erdöls von einer bestimmten Schicht; regionale Unstetigkeit der Erdölvorkommen (wir treffen Öl hier in dieser, dort in jener Schicht); Unabhängigkeit des Erdölvorkommens von der Gesteinsausbildung und dem Versteinerungsinhalt, von Ablagerungs- und Lebensbedingungen der Schichten; Vorkommen von Erdöl in Schichten jeglichen Gesteins- und Versteinerungsinhaltes; all das spricht dagegen, daß das Erdöl in den heute erdölführenden Schichten einer nutzbaren Lagerstätte entstanden sei.

Wenn das Erdöl in den heute erdölführenden Schichten gebildet wäre, dürften wir erwarten, daß eine Veränderung des Ablagerungscharakters auch eine Veränderung von Art und Menge des Erdöls mit sich bringen müßte. Um bloß ein willkürliches Beispiel zu nehmen, könnten wir annehmen, daß eine Zunahme des Salzgehaltes, eine Abnahme des Sauerstoffgehaltes, eine Zunahme der Wärme usw. mit einer Zunahme der Ölführung — oder auch mit einer Abnahme der Ölführung — verknüpft sein könnte. Tatsächlich können sich aber in den Gesteinsschichten eines Erdölfeldes die Verhältnisse ändern, in welcher Richtung sie wollen, meist bleibt die Regel bestehen, daß das Erdöl, wo es in mehreren übereinanderliegenden Schichten auftritt (ungefähr gleiche Größe der Poren vorausgesetzt), in den höheren Schichten nur in stärker beanspruchten Bauformen auftritt und meist weniger weit reicht und weniger reich ist als in den tieferen. — Auch der chemische Charakter der Erdöle ist unabhängig von der Ausbildung der Schichten. Der Paraffingehalt nimmt nach oben ab, der Asphaltgehalt nimmt nach oben zu, unbekümmert um die Ausbildung der Gesteine. Über schweren schwarzen Paraffinölen folgen oft hellere braune, dann rötliche, endlich wein- oder wasserfarbige leichte Öle, darüber Erdgas. Eine Aufeinanderfolge leichterer über schwereren Ölen findet sich am Kaukasus

(Baku), in Rumänien (Câmpeni, Tetzcani) und in Kalifornien (Ventura Avenue). In Ventura Avenue bleiben die Gesteine wesentlich dieselben, in Câmpeni, Tetzcani und Baku ändern sie sich mehrfach erheblich. Die Abnahme an Färbung und Dichte nach oben hängt nicht zusammen mit irgendwelchem Gesteinswechsel. In anderen Feldern (bei Asphaltölen) sind die Öle je höher um so schwerer, wobei auch hier die schwereren Paraffin-Kohlenwasserstoffe nach oben abnehmen, die schweren Aromaten und die Naphthene aber nach oben zunehmen.

Wir dürfen bei ortsständiger Erdölbildung annehmen, daß nach einer Ablagerungsunterbrechung von der Dauer vieler Millionen Jahre die Verhältnisse so verändert sein müßten, daß die neuerlichen Ablagerungen nun nicht gerade wieder den seltenen Fall der Erdölbildung aufweisen. Ebenso dürfen wir annehmen, daß, bei einer Überschiebung oder Überfaltung verschiedener Schichten übereinander, nicht stets gerade die seltenen erdölführenden Stellen übereinandergeklappt würden. Die Erdölführung greift in vielen bekannten Ölfeldern durch Ablagerungsunterbrechungen von vielen Millionen Jahren, und durch Überfaltungen und Überschiebungen verschiedener Gesteinsfolgen ungestört quer hindurch.

All das erklärt sich am einfachsten durch die Annahme, daß das Erdöl in die Schichten erst eingewandert ist, als sie ihre heutige Übereinanderstellung bereits erreicht hatten.

Wo vertikale Wanderungen aufgetreten sind, kann in jedem porösen Horizont Öl erwartet werden. Wo nicht genug ursprünglich poröse Gesteine vorhanden sind, findet sich das Öl oft auf Klüften. Wieweit die Öltränkung nach oben reicht, hängt von der Intensität der Gebirgsbildung ab. Die Annahme, daß das Erdöl in den Speichergesteinen entstanden sei, hat oft dazu geführt, daß die Auffindung tieferer Lagerstätten lange Zeit unterblieb.

Wir kommen nun zur Frage: in welchen Gesteinen kann sich Erdöl bilden?

Die Eignung der Gesteine zur Erdölbildung

Erdölspeichergestein nennen wir ein Gestein, das in seinen Hohlräumen Erdöl enthält; ob das Öl hier oder anderswo entstanden ist, ist hierbei gleichgültig.

Erdölmuttergestein ist ein Gestein, in dem Erdöl entstanden ist; ob das Erdöl heute noch in diesem Gestein vorhanden ist, oder ob es inzwischen ausgewandert ist, ist hierbei gleichgültig.

Ein Erdölspeichergestein läßt sich also durch Beobachtung feststellen. Daß ein Gestein ein Erdölmutterstein sei, ist eine Annahme, die bewiesen werden muß.

Was ist ein Muttergestein? Was müssen wir nun von einem Erdölmuttergestein verlangen? Gerade das, was wir bei den Schichten mit nutzbarem Erdöl so oft vermissen: Die Schicht muß überall, wo sie auftritt (oder wenigstens überall, wo sie in Sätteln, Salzstockflanken usw. auftritt), Erdöl führen; oder doch Stoffe, aus denen sich Erdöl bilden kann oder Stoffe, die aus Erdöl entstanden sind, bzw. die bei der Ölbildung als Nebenprodukte entstehen. — Tatsächlich sind gerade solche Nebenprodukte (festes schwarzes Gesteinsbitumen) für die Muttergesteine sehr charakteristisch. — In anderen Schichten von der Ausbildungsart der Muttergesteine müssen wir ebenfalls Anwesenheit von Erdöl oder von solchen erdölverwandten Stoffen fordern. Wo sich Schichten dieser Ausbildungsart heute bilden, müssen sie die Ausgangsstoffe der Erdölbildung enthalten. Je weiter die Ablagerungs- und Lebensbedingungen von den Bedingungen des fraglichen Muttergesteins abweichen, desto weniger erdölverwandte Stoffe müßten wir antreffen.

Bei dieser Frage sind in den letzten Jahrzehnten mehrere Forschungsrichtungen zusammengelaufen: die Geologie suchte jene Gesteine auf, die immer und überall einen Gehalt an erdölverwandten Stoffen haben. Die Seenkunde und Meereskunde lehrte uns die Gesetze kennen, nach denen sich organische Substanz in heutigen Ablagerungen anreichert und erhält. Die Geochemie lehrte uns charakteristische Elemente und Moleküle im Erdöl kennen, und zeigte, in welchen Gesteinen sich eine gleiche Vergesellschaftung von Elementen und Molekülen findet. Die Ausbildungsart bestimmter Ablagerungen, in denen sich organische Substanz heute anreichert und erhält, stimmt überein mit der Ausbildung jener Ablagerungen, für die ein Gehalt an erdölverwandten Stoffen kennzeichnend ist.

Zunächst müssen wir uns über eine grundlegende Frage schlüssig werden: Entsteht das Erdöl in Schichten mit viel organischen Stoffen, oder kann es sich auch in Schichten bilden, in denen sich nur winzige Mengen organischer Stoffe finden?

Schichten mit geringsten Mengen organischer Substanz. Nehmen wir an, das Erdöl könnte sich in allen Schichten bilden, die nur ganz geringe Mengen organischer Stoffe enthalten. Dann müßten wir die Entstehung von Erdöl in Ablagerungen jeglicher Ausbildungsart, und in allen Antiklinen, Salzstockflanken, usw. feststellen können, denn geringe Mengen organischer Stoffe finden sich in fast allen heutigen Ablagerungen und in fast allen Schichtgesteinen, ausgenommen nur etwa Wüstensand und Gletscherschutt. Dann müßte sich Erdöl auch in allen Ländern der Erde finden, und zwar in ebenso gleichmäßiger Verteilung wie die Schichtgesteine, die wir ja in allen Erdteilen und Ländern finden. Und wir dürften wohl auch annehmen, daß in Schichten mit hohem Gehalt an organischen Stoffen sich das Erdöl noch häufiger und in noch größeren Mengen finden würde, als in Schichten mit geringen Gehalten organischer Stoffe.

Alles das stimmt nicht. Die meisten Antiklinen, Salzstockflanken, usw. sind praktisch frei von Erdöl. In ganzen Kontinenten (Australien, Afrika) kommt (kleine Randgebiete ausgenommen), praktisch kein Erdöl vor, obwohl Schichtgesteine mit geringen Mengen organischer Stoffe weitverbreitet sind. An anderen Stellen, z. B. in den Vereinigten Staaten, im mittleren Orient, am Rand der Karpaten, des Kaukasus, des Urals, usw. finden sich Anhäufungen vieler und reicher Erdölvorkommen.

Auch eine direkte Beobachtung deutet dahin, daß nicht einfach beliebige geringe Mengen organischer Stoffe die Ausgangsstoffe der Erdölbildung sind. Der amerikanische Forscher Parker D. Trask hat in Kalifornien eine 12000 m dicke, recht gleichmäßige Ablagerungsfolge untersucht. Diese ganze Schichtfolge enthält Spuren organischer Stoffe (0,6 bzw. 0,87 %) in feiner Verteilung; an einzelnen beschränkten Stellen tritt auch Erdöl aus den Schichten aus; wo aber Erdöl austritt, dort ist die chemische Zusammensetzung der im Gestein verteilten organischen Stoffe *anders* als sonstwo innerhalb dieser Schichtfolge.

Wir müssen also schließen: die geringen Mengen fein verteilter organischer Stoffe, die wir normalerweise in allen Schichtgesteinen finden, haben nichts mit der Erdölbildung zu tun. Trasks Beobachtung zeigt aber, daß es hierbei auf die *Art*, nicht auf die *Menge* der organischen Stoffe ankommt.

Wenn wir heute in fast allen frischen Ablagerungen höhere Kohlenwasserstoffe finden, so können diese offenbar mit den späteren Öllagerstätten nichts zu tun haben; denn sonst müßten wir Öl in allen jenen Ablagerungstypen finden, in denen wir heute diese Spuren finden, d. h. in praktisch allen Ablagerungsgesteinen der ganzen Welt. Die auffällige Beschränkung der Öllagerstätten in Raum und Zeit widerspricht dieser Annahme, wie die vielen erdölarmen Länder zu ihrem Schaden erfahren haben.

Wichtigkeit der ersten Umbildungsvorgänge. Nicht die Menge der abgelagerten organischen Substanz, sondern die ersten Umbildungen bedingen, ob Erdöl entsteht oder nicht. Ein Wald, der abbrennt, liefert in alle Ewigkeit keine Kohle. Organische Substanz, die in sauerstoffhaltigem Wasser verwest, liefert in alle Ewigkeit kein Öl. Das Ablagerungsmilieu entscheidet über die Erhaltung der leicht zersetzlichen Stoffe, die zu Erdöl werden können. Dieses Ablagerungsmilieu ist aber in den geochemischen Verhältnissen der Ablagerungen wiederzuerkennen. Ölschiefer des Gyttja-Typus (d. h. die meisten wirtschaftlich genutzten Ölschiefer) und Kohlen ergeben trotz Anhäufung großer Mengen organischer Substanz kein Erdöl. Die mineralischen Ablagerungen sind über unendlich große Strecken ölfrei und nur in bestimmten Räumen ölführend, dort aber oft nur an einem Flügel einer Synkline; bei Entstehung der Erdöllagerstätten aus feinverteilter organischer Substanz müßten beide Flügel einer Synkline Öl führen. In Bezirken, die ölführend sind, sind es oft mehrere oder viele übereinander liegende Schichten, die sich in nichts von den nicht-ölführenden Teilen derselben Schichten in und außerhalb des ölführenden Gebiets unterscheiden. In solchen Fällen ist die Annahme ortsständiger Entstehung ein Postulat, keine wissenschaftliche Hypothese. Eine wissenschaftliche Hypothese muß durch Beobachtungen gestützt werden. Das Dasein von Erdöl ist ebensowenig ein Beweis für die Art seiner Entstehung, wie das Dasein der Welt ein Beweis ist für den mosaischen (oder ägyptischen, germanischen, kernphysikalischen) Schöpfungsmythos.

Zusammenhänge mit dem geologischen Bau. Schon die auffällige Abhängigkeit vieler Erdölfelder vom Rande der Faltengebirge zeigt, daß es wahrscheinlich ein besonderer Ablagerungstypus sein muß, der zur Erdölbildung führt. Die Lage allein kann es nicht sein (etwa als Folge des Druckes der Gebirgsbildung, usw.); denn andere Ölfelder stehen nicht in Beziehung zum Rand von Faltengebirgen (die Ölfelder in Nordwestdeutschland, in Kansas, Ohio, Texas, Louisiana, usw.); und die Ränder vieler Faltengebirge haben auf weite Erstreckung kein Öl. Die Häufung der Erdölvorkommen in Flecken oder Gürteln läßt vermuten, daß in diesen Flecken oder Gürteln besondere Bedingungen herrschten, die zur Erdölbildung führten. Die Gebirgsbildung selbst kann nicht die Ursache sein; denn wir finden Erdölvorkommen in Gebieten übereinandergeschobener Decken (Galizien, Ost-Rumänien), in Gebieten von Falten (Kalifornien, Indien, Sundainseln), in Gebieten von Salzstöcken (Deutschland, Mexico, Golfküste der Vereinigten Staaten), in Bruchschollengebieten (Pechelbronn im Elsaß, Argentinien), und auch in ganz flachen Tafelländern (Ost-Texas, Mittelteil der Vereinigten Staaten). Wenn aber die Ursachen dieser Verteilung nicht direkt mit der Gebirgsbildung zusammenhängen, dann müssen sie wohl mit der Art der Ablagerungen zusammenhängen.

Gesteine mit großen Mengen organischer Stoffe. Es erschien zunächst vernünftig anzunehmen, daß die großen Mengen von Erdöl auch von einer reichen Anhäufung organischer Stoffe stammen. Da mußte es verwundern, daß die Lagerstättenstatistik zeigt, daß sich Gesteine mit großen Mengen organischer Substanz (Kohlen, Ölschiefer) und Öllagerstätten nahezu gegenseitig ausschließen.

Gesteinsbitumen und Erdöl sind arm an Sauerstoff und Stickstoff. Bei den Umbildungen der organischen Substanz gehen also diese Elemente verloren. Die abspaltenden Verbindungen enthalten neben Sauerstoff und Stickstoff noch Wasserstoff und Kohlenstoff; auch Kohlenwasserstoffe fallen bei diesen Vorgängen ab. Von den Ausgangsstoffen bleibt nur wenig — die Schätzungen gehen von 1—15% — übrig. Ein ursprünglich reiches Gestein kann also sehr wohl bei diesen Umbildungen stark verarmen, besonders wenn auch Öl noch ausgewandert ist. Immerhin würde man zunächst doch annehmen, daß von ursprünglich größeren Mengen organischer Substanz schließlich auch am ehesten größere Mengen übrig bleiben. Wenn aber die Menge organischer Substanz mit der Erdölbildung offenbar nichts zu tun hat, so bedarf dies einer Erklärung. Wir müssen nun die fraglichen Ablagerungen einzeln betrachten.

Wald- und Sumpfablagerungen[1]. (Rohhumus, Torf und Kohle). An trockenen Standorten mit dichtem Pflanzenwuchs, z. B. auf dem Boden der Wälder, häufen sich die von den Pflanzen abfallenden toten Stoffe an: Blätter, Äste, auch ganze zerbrochene Stämme, im Boden die Wurzeln. Diese Teile würden unter dem Einfluß des Luft-Sauerstoffes zu „nichts“ verwesen, d. h. zu solchen Stoffen werden, die entweder als Gas (Kohlendioxyd) oder als Flüssigkeit (Wasser) entweichen können. Denn die

[1] Vgl. hierzu JURASKY, Kohle. Verst. Wiss. Bd. 45, 1940.

organischen Stoffe bestehen zum allergrößten Teil aus Kohlenstoff, Wasserstoff und Sauerstoff; bei Verbindung mit dem Sauerstoff der Luft wird aller Kohlenstoff schließlich zu Kohlendioxyd, aller Wasserstoff endlich zu Wasser. Eine solche vollständige Umwandlung der organischen Stoffe in Oxyde, die mit einem völligen Verschwinden der organischen Stoffe verbunden ist, nennen wir *Verwesung*.

Vermoderung. Zunächst unterliegen nun die toten Stoffe der Moose und anderer Sumpfpflanzen, oder Laub und Holz der Waldpflanzen, dem vollen Einfluß des Luftsauerstoffes. Hierbei verwesen die leichter zerstörbaren Stoffe, wie z. B. Eiweißstoffe, das Blattgrün (Chlorophyll) u. a. Die Gerüststoffe der Landpflanzen aber, die Blatthäute, Holz, Harze und Wachse, können der Verwesung lange Widerstand leisten; sie reichern sich also an. Allmählich werden diese Stoffe nun durch neu absterbende und abfallende Pflanzenreste zugedeckt, darüber wachsen Moos oder andere Pflanzen; dadurch werden die Stoffe der Einwirkung des Luftsauerstoffes allmählich entzogen. Die Lückenluft in den Poren der Ablagerung verliert ihren Sauerstoff an die organischen Stoffe, da diese zum Teil verwesen. Alle widerstandsfähigen Gerüststoffe der Pflanzen, die nicht zerstört wurden, als sie noch an der Oberfläche lagen, sind nunmehr gegen Zersetzung ziemlich geschützt. Der Sauerstoffabschluß ist zwar nicht vollständig, und die Zersetzung schreitet daher weiter; sie geht aber, wegen der geringen Menge von Sauerstoff, nur langsam vor sich, und trifft vorzugsweise nur leichter zersetzliche Stoffe. Diese langsame auswählende Zersetzung, an der Bakterien teilnehmen, nennen wir *Vermoderung*. Durch die Vermoderung entsteht Moder und Rohhumus; dieser kann, wenn er durch weitere dichte Überdeckung in den Bereich des Luftabschlusses kommt, als organische Ablagerung erhalten bleiben und unter weiterer Umbildung zu Kohle werden.

Vertorfung. Rascher und besser als auf dem Trockenen wird ein Luftabschluß dort erzielt, wo die Lücken der abgefallenen organischen Reste alsbald von Wasser erfüllt werden; das ist in den Sümpfen der Fall. Am Ufer eines verlandenden Sees, wo zwischen Schilf und Erlen noch da und dort Wasserflecke zu sehen sind, kommen die abgefallenen Blätter und Äste bald in den

Bereich des stehenden Grundwassers, das ja fast bis an die Oberfläche reicht. Ähnlich ist es in den Mooren, wo die Lücken zwischen den Moosresten wie in einem Schwamm von Wasser gefüllt sind. Unter diesen Bedingungen verwest der leichtzersetzliche Anteil der organischen Reste, aber eine große Menge organischer Stoffe bleibt übrig; so bildet sich zunächst *Torf*, und aus diesem in weiteren Umwandlungen *Kohle*.

Wir finden in den Kohlen noch zahlreiche, oft gut erhaltene Pflanzenreste: Holzreste mit erhaltenem Gewebe, Reste der widerstandsfähigen Überzüge (Kutikeln) über den Blättern, Häute von Sporen und Blütenstaub, Dauergewebe (Sklerotien) von Pilzen usw.

Kohle und Erdöl. Die Ablagerungen von Wäldern und Mooren führen also zur Ablagerung von Rohhumus oder Torf, endlich zur Kohlenbildung. Das gibt oft sehr bedeutende Ablagerungen organischer Stoffe. Wenn man die Dicke verschiedener Kohlenschichten (Flöze) einer Schichtfolge zusammenrechnet, erhält man gar nicht selten mehrere Zehner von Metern, ja wohl auch hundert Meter und mehr. Trotz dieser enormen Anhäufung organischer Stoffe besteht kein Zusammenhang zwischen Kohlen und Erdöl. Ungeheuere Steinkohlenlager finden wir in Südengland, in Oberschlesien, im Donez- und Kusnezk-Becken, in Shantung, usw.; aber kein Erdöl kommt in diesen Gegenden vor. Ungeheuere Braunkohlenvorkommen liegen in Sachsen und Böhmen; auch in diesen Gegenden fehlt Erdöl.

Es ist aber auch nicht so, als ob etwa Kohle oder Erdöl einander gegenseitig vollständig ausschlössen: wir haben oben erzählt, daß in den rumänischen Sätteln die Erdölführung auf das Unterpliocän beschränkt ist, während an den Salzstöcken die Erdölführung bis ins Oberpliocän hinaufreicht. Das Oberpliocän enthält nun Kohlen. Mit diesen Kohlen, und selbst in den Kohlen (auf Schichtflächen, Klüftchen und anderen Lücken), finden wir an manchen rumänischen Salzstöcken Erdöl, während in den Sätteln die Erdölführung nicht bis in die Höhe der kohlenführenden Schichten hinaufreicht. Die Verbreitung dieser Kohlen ist erheblich größer als die rumänische Erdölzone und überschneidet diese; die Kohlengruben liegen zum größten Teil außerhalb der Erdölzone.

Man hat annehmen wollen, daß das Erdöl aus den Kohlen nur dort hervorgeht, wo die Kohlen in größere Erdtiefen versenkt wurden; dort seien die Kohlen unter den Einfluß hohen Druckes (Gewicht der überlagernden Schichten) und hoher Temperatur (gegen das Erdinnere zu wird es wärmer) geraten und hätten unter diesen Bedingungen Öl geliefert. Nun kennen wir aber die Verbreitung der kohleführenden Gebiete recht gut; sie stimmt keineswegs mit der Verbreitung der erdölführenden Gebiete überein. Wir wissen auch von vielen Erdölfeldern, daß in ihrem Untergrunde keine Kohlen lagern. Das sind jene Erdölvorkommen, deren Gesteinsfolge wir als kohlenfrei bis zu darunterliegenden Graniten oder anderen aus feurigem Fluß erstarrten Tiefengesteinen verfolgen können.

Die schlesischen Kohlen lassen sich 20 km weit unter die darübergeschobenen Karpaten-Decken verfolgen, ohne ihren chemischen Charakter zu ändern (PETRASCHECK); man wird also das karpatische Öl nicht von solchen Kohlen ableiten können. Die Ölfelder des benachbarten Wiener Beckens werden nicht von Kohlen unterlagert.

Weitgehende Umbildungen der Kohlen, die dazu führten, daß der Gehalt an flüchtigen Substanzen von über 40% bis unter 10% fiel, oder daß Braunkohlen bis zu Anthrazit und Koks verändert wurden, haben keine Ölbildung verursacht (Karbon und Wealden von NW-Deutschland. Tertiär von Böhmen und der Slowakei). Durch vulkanische Hitze oder Flözbrand entstandene Naturteere lassen sich chemisch vom Erdöl leicht unterscheiden.

Die chemischen Vorgänge bei der Bildung der Kohlen sind wesentlich verschieden von den Vorgängen bei der Bildung von Erdöl. Bei der Kohlebildung werden schon bei der Ablagerung die empfindlichen Stoffe zerstört; hierher gehört z. B. das Blattgrün (Chlorophyll). Im Erdöl aber finden wir einen sehr kennzeichnenden Gehalt an Abkömmlingen des Blattgrüns (S. 15), daneben in kleineren Mengen bestimmte Abkömmlinge der roten Blutfarbstoffe (Mesoätioporphyrin und Mesoporphyrin). — Den Humuskohlen (das sind im wesentlichen alle Kohlen außer den seltenen Cannelkohlen und Bogheads) fehlen diese Stoffe, dafür findet sich in kennzeichnender Weise ein anderer Abkömmling des Blutfarbstoffes, das Deuteroätioporphyrin; dieses entsteht aus dem Deuterohämin, das sich bei langsamer Fäulnis aus Blutfarbstoff bildet. Wahrscheinlich gehörte dieser Blutfarbstoff niederen Tieren (Insektenlarven, niederen Würmern) an, die in dem sauerstoffarmen Sumpfwasser lebten; denn unter diesen Bedingungen entwickeln solche Tiere den roten Blutfarbstoff Hämoglobin; solche schon in der Ablagerung lebenden Tiere können auch rasch sauerstoffdicht abgeschlossen werden. — Die Gyttjakohlen (Bogheads, Cannelkohlen, Torbanit) führen zwar dieselben Porphyrine (Abkömmlinge von Blattgrün und Blutfarbstoff), wie das Erdöl und die bituminösen Gesteine, aber solche Kohlen sind meist nur ganz untergeordnete lokale Einlagerungen zwischen Humuskohle. — Im Erdöl finden wir Kupfer, Nickel, Vanadium, Zinn; in Asphalten Nickel, Molybdän, Vanadium, Uran, Wolfram; in Ozokeriten vorzugsweise Nickel angereichert. In den Kohlen sind dagegen vorzugsweise Arsen, Beryllium, Germanium, gelegentlich Bor, oft, aber unregelmäßig, auch Vanadium, Molybdän und Edelmetalle angereichert.

Bei der Kohlenbildung wird der Wasserstoffgehalt der organischen Stoffe im Verhältnis zum Kohlenstoff verringert, dabei bleibt aber ein großer Teil des Sauerstoffgehaltes erhalten. Bei der Bildung des Erdöls und seiner Verwandten („Bituminierung“) dagegen erfolgt eine Anreicherung von Wasserstoff im Verhältnis zum Kohlenstoff, während Sauerstoff ganz oder fast ganz verschwindet.

Zwischen Kohlebildung und Erdölbildung und zwischen den Vorkommen von Kohle und Erdöl bestehen keine Zusammenhänge.

Seeablagerungen. Weitere Anhäufungen organischer Stoffe finden wir am Grunde stehender Gewässer. Systematische Untersuchungen dieser Ablagerungen verdanken wir der modernen Seenkunde. Wasmund und Potonie haben von da die Brücke zur Geologie geschlagen. Die von ihnen wieder eingeführte Unterscheidung des Sapropels von der Gyttja entsprechend dem ursprünglichen Sinne dieser Begriffe hat sich als äußerst nützlich erwiesen. Diese begriffliche Trennung bildet die Grundlage für das Verständnis des verschiedenen geochemischen Verhaltens der organischen Ablagerungen stiller und fauler Wasser; auf dieser Unterscheidung beruht schließlich die Erkennung der Erdölmuttergesteine.

Ablagerungen frischen Wassers. Im sauerstoffreichen „frischen“ Wasser verwest die organische Substanz, und zwar auch die organischen Gerüststoffe, wie Holz, (Lignin, Cellulose usw.), Chitin, Horn usw. Dagegen bleiben Skelettbestandteile aus Kalk häufig, aus Kieselsäure meistens erhalten. Ablagerungen, die

Einteilung der Gewässer und ihrer Ablagerungen.

Gewässer-Typ	Oligotroph = nährstoffarm	Oligotroph bis eutroph	Eutroph = nährstoffreich
Fazies	Frisch	Still	Faul
Produktion von	wenig	wenig bis viel	viel
	Schwebepflanzen, das sind die Grundlagen (Nahrung) für alles andere Leben		
Bewegung und Durchlüftung	ganze Wassermasse durchbewegt und durchlüftet	←——→	nur oberste Wasserschicht in sich bewegt und durchlüftet, Tiefenwasser ruhig oder in sich bewegt
Bodenwasser	wohl durchlüftet	zuoberst minder durchlüftet, darunter nicht durchlüftet	nicht durchlüftet, ohne Sauerstoff, mit Schwefelwasserstoff
Grenze zwischen H_2S und O_2	kein H_2S vorhanden (oder Grenze im Boden)	im Boden	im Wasser über dem Boden
Oberste Bodenschicht	hellfarbig, braun, grau usw.	zu oberst hellfarbig darunter schwarz oder grau	schwarz oder grau
Bodenleben	arm	reich artenarm, manchmal individuenreich	keine höheren Lebewesen, nur anaerobe Bakterien
Versteinerungen	*Bodentiere*	Schwimmer und Schweber meist in guter Erhaltung	Bodenleben nur Bakterien, Schwimmer und Schweber meist in schlechter Erhaltung
Umbildung durch Lebewesen	Schlammfresser und Zerreibselfresser verringern die org. Substanz	Rest bakteriell umgebildet	nur bakteriell umgebildet
Schicksal der organischen Substanz	*Verwesung*	Leichenwachsbildung, Fäulnis	Fäulnis

<table>
<tr><th>Gewässer-Typ</th><th>Oligotroph = nährstoffarm</th><th colspan="2">Oligotroph bis eutroph</th><th>Eutroph = nährstoffreich</th></tr>
<tr><td rowspan="2">Erhaltung von</td><td colspan="3">mineralischen Skeletteilen</td><td rowspan="2">Fette, Eiweiß Kohlehydrate</td></tr>
<tr><td></td><td colspan="2">Horn, Chitin, Pentosan, Lignin, Fettsäuren</td></tr>
<tr><td>Zerstörung von</td><td>allen Kohlenwasserstoffverbindungen</td><td colspan="2">leichtzersetzlichen Kohlenwasserstoffverbindungen, wie Cellulose, Eiweiß; Lösung von Kalk</td><td>Zerstörung nur der Form, aber Erhaltung (unter Umbildung) der Substanz der Kohlenwasserstoffverbindungen, Lösung von Kalk und z.T. Kiesel</td></tr>
<tr><td rowspan="2">Anreicherung von</td><td colspan="3">mineralischen Stoffen. Elemente: Mangan (in Mn-Erzen: Mo; in Eisenerzen: V, P)</td><td rowspan="2">Eiweißstoffe, Kohlehydrate, Fette, Chlorophyll. Elemente: Stickstoff, Kupfer, Nickel, Vanadium, Molybdän, Uran, Rhenium, Wolfram</td></tr>
<tr><td></td><td colspan="2">Horn, Chitin, Pentosan, Fett (Leichenwachs). Bei rascher Ablagerung großer Mengen organischer Stoffe: Kohlehydrate, Chlorophyll. Elemente: Phosphor, Brom, Jod, Chrom</td></tr>
<tr><td>Entstehende Ablagerung</td><td>mineralisch</td><td>Schlick</td><td>Gyttja</td><td>Sapropel</td></tr>
<tr><td rowspan="3">Fertige Gesteine</td><td rowspan="3">Kalk, Ton, Sand; Schiefer, Sandstein</td><td>schwach</td><td>stärker</td><td rowspan="3">bituminöse Tone und Kalke, seltene Ölschiefer, Erdölmuttergesteine, Erdöl</td></tr>
<tr><td colspan="2">bituminöse Kalke und Tone</td></tr>
<tr><td></td><td>die meisten Ölschiefer</td></tr>
</table>

fast nur aus solchen Schalen bestehen, sind gar nicht selten (Seeablagerungen: Schalenschichten, manche Kieselgur, Seekreide; meerisch: Schreibkreide, Riffkalk, Muschelkalk, Radiolarit, Diatomit, usw.). — In frischem Wasser bilden sich also Ablagerungen ohne organische Verbindungen, oder genau genommen, mit geringen Resten organischer Verbindungen; denn Bruchteile eines Prozents bleiben fast in jeder Ablagerung erhalten. Es sind das Reste, die zufälligerweise bald nach der Ablagerung so gut zugedeckt wurden, daß sie nicht verwesten. Der größte Teil so zugedeckter Stoffe wird aber später von den im Boden langsam strömenden, sauerstoffhaltigen Wassern erreicht und verwest dann doch. Ein anderer Teil wird bei der Durchwühlung des Bodens durch die bodenbewohnenden Tiere aus seinem Schutzversteck aufgewühlt, und an die Ablagerungsoberfläche in den Bereich des sauerstoffhaltigen Wassers zurückbefördert. Ein ganz kleiner Teil widerstandsfähiger Stoffe aber entgeht allen diesen Gefahren und bleibt erhalten.

Aus frischem Wasser erhalten wir mineralische Ablagerungen. Diese bestehen aus schwebend zugeführten Teilchen (Sand, Tone); ferner aus Stoffen, die aus dem Wasser infolge von Übersättigung oder infolge der Lebenstätigkeit von Pflanzen ausgeschieden werden (Quellkreide, Seekreide, Verwesungsfällungskalk; Eisenerz als See-Erz; Gips, Salze); endlich aus mineralischen Skeletteilen der Lebewesen. Kalke, Dolomite und Magnesite, die in frischem Wasser abgelagert sind, enthalten unter den Spurenmetallen eine deutliche Anreicherung von Mangan.

Dy und Gyttja. In stillem Wasser oder bei starker Zuführung organischer Stoffe bilden sich verschiedene Typen organischer Ablagerungen.

In Lösung zugeführte und im See ausgeflockte Humussubstanzen ergeben den gallertartigen *Dy* („Lebertorf“ z. T.).

Ablagerungen organischer Stoffe aus sauerstoffhaltigem Wasser ergeben die *Gyttja*: ihre Oberfläche wird unter Sauerstoffeinfluß zersetzt, wobei die leicht zerstörbaren Stoffe meist größtenteils verlorengehen; erst tiefere Schichten sind gegen Sauerstoffeinfluß geschützt. Die Grenze zwischen Sauerstoffführung und Schwefelwasserstoffführung liegt im Sediment; sie ist der Hauptort der Bildung von Schwefeleisen. Bei der Überdeckung durch neuerliche Ablagerungen wandert diese Grenzzone nach oben, wobei sie ungefähr denselben Abstand von der Oberfläche behält.

Die sauerstoffhaltige, braune, grünliche oder graue Oberflächenschicht wird von Schlammfressern besiedelt und durchwühlt; auch graben sich viele Tiere, die aus dem Wasser Lebewesen und Zerreibsel fischen, in der Ablagerung Wohnschächte. In versteinerten Ablagerungen finden wir oft Schalen dieser Tiere (z. B. von Muscheln) erhalten. Die Anwesenheit anderer Tiere, die keine erhaltungsfähigen Hartteile besitzen, können wir aus gegrabenen Wohnbauten oder geformten Kotballen erschließen. — Die Gyttja wird meist vorwiegend durch Verdauung in Tierkörpern umgewandelt; besonders in tieferen Schichten aber spielen auch bakterielle Umwandlungen eine bedeutende Rolle. Gelegentlich allerdings geht die Ablagerung größerer Mengen organischer Stoffe so rasch vor sich, daß die Verwesung keine Zeit zu tiefgreifenden Zerstörungen hat. Aber auch in diesem Falle finden wir, daß leicht zersetzliche Stoffe zerstört worden sind: der Stickstoffgehalt hat abgenommen; hierin liegt ein wesentliches Kennzeichen der Gyttja, das Kennzeichen einer Umwandlung unter Sauerstoffeinfluß.

Kennzeichnend für Gyttjen ist auch die Erhaltung widerstandsfähiger organischer Stoffe (Gerüststoffe, Fette, usw.) mit Erhaltung ihrer Gewebestruktur. Andererseits entstehen bei den Zersetzungsvorgängen Säuren, welche Kalk lösen. Kalkige Skeletteile verschwinden oft. Einige organische Säuren aber wirken auf manche organische Stoffe gerbend ein, und entziehen sie der Auflösung und der bakteriellen Zersetzung. In den Tümpeln der Moore, wo diese Säurewirkung besonders stark ist, finden wir von den Moorleichen oft nur Haut, Haare und Nägel (Klauen, Hufe) erhalten, während Fleisch und Knochen verschwunden sein können. In den Gyttjen der Seen werden häufig die hornigen und chitinösen Stoffe, die meist die Außenseite der Körper schützen, schon in der sauerstoffhaltigen Zone zerstört. Skeletteile aber, die aus Chitin oder Gerüsteiweiß zusammen mit Kalk (in wechselnden Lagen oder inniger Verflechtung) gebildet sind, finden wir in Gyttjen recht häufig erhalten: das trifft z. B. für die aus hornartigen (Kollagen + Ichthylepidin) und kalkigen Lagen aufgebauten Fischschuppen zu, oder für die chitinös-kalkigen Deckel der Schneckenfamilie Bulimidae *(Bulimus, Tylopoma)*, während die rein chitinösen Deckel der Sumpfdeckelschnecke *(Viviparus)* niemals erhalten sind. In dieser Verflechtung von Kalk und Horn oder Chitin übernimmt der Kalk den Zersetzungsschutz in der oberflächennahen, sauerstoffhaltigen Zone; in der Tiefenzone werden dann die widerstandsfähigen organischen Gerüststoffe Chitin und Horn nicht mehr angegriffen, und schützen nun ihrerseits den Kalk vor Auslösung.

Kollagen ist ein Eiweißstoff. Chitin ist ein komplexes Polysaccharid, die Verbindung eines stickstoffhaltigen zuckerähnlichen Stoffes mit Essigsäure. Zucker und Stärke gehören zu den Kohlehydraten. Zu diesen gehören auch einige organische Gerüststoffe, die besonders für Pflanzen sehr wichtig sind: Cellulose, ferner Pentosan, usw. Lignin und Pentosan bleiben unter den Bedingungen der Gyttjen erhalten; Cellulose dagegen wird meist zerstört.

Leichenwachs. Kennzeichnend für manche Gyttjen ist auch die Umbildung von Fett und Eiweiß zu Leichenwachs. Die Anteilnahme von Eiweiß ist durch typische Eiweißstrukturen (Muskelfasern, Haut), und durch die Erhaltung von Gehirn als Leichenwachs, nachgewiesen. Auch ist die Menge von Leichenwachs oft viel zu groß, als daß sie ganz aus dem meist geringen Fettgehalt der Tiere hergeleitet werden könnte. Die Menge der Fettsäuren in Fleisch nimmt bei langdauernder Wässerung zu. Doch ist richtig, daß Fett zur Leichenwachsbildung nötig ist; es sind meist besonders fette Leichen (Aale, dicke Menschen), die zu Leichenwachs geworden sind; fettfreies Gewebe verfault eher, als daß es verwachst (siehe WASMUND). Wir nehmen auch hier wieder an, daß die widerstandsfähigen Fette die Rolle von Schutzhüllen spielen, wie der Kalk in den Kalkchitin- und Kalkhornskeletten, oder das Lignin in den Lignin-Cellulose-Gerüsten.

Leichenwachs besteht aus freien Fettsäuren (von denen die Säuren mit Doppelbindungen im Laufe der Umbildungen allmählich verschwinden), und aus den Kalk- und Ammonseifen dieser Fettsäuren. Die Körperfette dagegen sind Verbindungen des dreiwertigen Alkohols Glyzerin mit drei Fettsäuren. Der Zerfall (Verschwinden des Glyzerins) erfolgt im Anfang sehr rasch, wird aber bei Sauerstoffabschluß verzögert.

Das Leichenwachs ist ein sehr widerstandsfähiger Körper, der sich durch geologische Zeiten (nachgewiesen bis in die Kreidezeit) erhalten kann. Im Laufe der Zeit kann es durch mineralische Substanzen ersetzt werden; die in Kalk oder Phosphat versteinerten Muskeln von Ichthyosauriern usw. dürften sich auf diesem Wege erhalten haben. Wichtiger noch dürfte sein, daß die Algenstoffe in den Algengyttjen wahrscheinlich eine ähnliche Umwandlung durchmachen, die aber noch nicht untersucht ist; denn wir finden diese Stoffe im Gestein als gelbes, braunes oder kresses (orangefarbiges) Bitumen, das durch sehr geringen Stickstoffgehalt gekennzeichnet ist. Die Menge der in den Algenstrukturen der Bogheads, des Kukkersit, Marahunit, usw. erhaltenen Substanz spricht dagegen, daß es sich hierbei nur um stabile Ausgangsstoffe (Stabilprotobitumen POTONIÉ) handelt. Wie bei der Leichenwachsbildung aus Eiweiß (Muskeln, Gehirn) scheinen auch hier labile Ausgangsstoffe durch eine besondere Umbildung stabil (Kerobitumen) geworden zu sein.

Algengyttja. Andererseits können an einem geschützten Platz von vornherein schon so viele organische Stoffe angeliefert werden, daß die Verwesung einfach nicht mit ihnen fertig wird; diese organischen Substanzen werden dann von neu abgelagerten Stoffen überdeckt, ehe sie verwesen. Sind die organischen Substanzen erst einmal überlagert, dann bleiben sie meist auch erhalten, wenn nur die Abdichtung gegen wandernde Lösungen (Wasser) gut genug ist. Ja, solche Ablagerungen können sogar ohne wesentliche bakterielle Zersetzung erhalten bleiben, wie das z. B. im Kukkersit und bei den Bogheadkohlen der Fall ist. Im Meere, ganz besonders aber in den Seen, können jahreszeitlich große Mengen von Algen gebildet werden. Wenn weder Verwesung noch bakterielle Umbildung mit diesen Massen fertig wird, bleibt eine Ablagerung, die reich ist an organischer Substanz; diese Ablagerung ist eine Gyttja (Algengyttja). Andererseits aber fehlt diesen Gyttjen die Durcharbeitung durch Schlammfresser (Exkremente fehlen oder sind selten), die sonst für Gyttjen kennzeichnend ist, weil die Ablagerung zu schnell vor sich geht, als daß sich Tiere in größerer Zahl ansiedeln könnten.

Sapropel. Unter Faulschlamm *(Sapropel)* verstehen wir eine organische Ablagerung, die sich unter sauerstofflosem (vergiftetem) Wasser bildet. Die Grenze Sauerstoff-Führung/Sauerstoff-Freiheit liegt in freiem Wasser, über der Ablagerung. Der Faulschlamm hat daher keine sauerstoffhaltige Oberflächenschicht; die niedergesunkenen organischen Stoffe erleiden keine durch Sauerstoff bedingten Veränderungen mehr.

Reiches Leben entwickelt sich nur in den sauerstoffreichen Oberflächenschichten des Wassers; der Reichtum der Ablagerung an organischer Substanz hängt von der Menge und Schnelligkeit der Anlieferung und von der Zerstörung auf dem Transport ab. Im ersten Fall spielt der Schwefelwasserstoff-Gehalt tieferen Wassers gar keine, im zweiten nur bei langen Transportwegen (Tiefsee) eine entscheidende Rolle. Dagegen ist der H_2S-Gehalt des Überbodenwassers ausschlaggebend für die Erhaltung der angelieferten organischen Substanz (STRACHOV).

Der Faulschlamm wird nicht von Tieren besiedelt, durchwühlt, gefressen. Wir finden keine Exkremente bodenbewohnender Tiere (wohl aber können die Leichen von Schwebetieren und Schwimmtieren vorgebildete Exkremente in den Faulschlamm einschleppen). Der Faulschlamm wird nur durch die Tätigkeit von Bakterien umgebildet. Diese Bakterientätigkeit ist gründlich und zerstört die organischen Formen und Gewebestrukturen. Auch phosphor-, jod- und bromhaltige Verbindungen werden zerstört, wobei Phosphor größtenteils, Jod und Brom teilweise entweichen. Da der Einfluß des Sauerstoffs ausgeschaltet ist, bleiben im Faulschlamm viele leicht zersetzliche Stoffe erhalten. Der Stickstoffgehalt der Faulschlamme ist verhältnismäßig hoch, und nimmt innerhalb des Faulschlammes nicht wesentlich ab; das liegt daran, daß die stickstoffhaltigen Eiweißstoffe im Faulschlamm zwar durch die Bakterien in andere Eiweißstoffe umgewandelt werden, aber nicht so aufgespalten werden, daß der Stickstoff frei würde (wie das unter Sauerstoffeinfluß geschieht).

In den Faulschlammen wird Kalk aufgelöst, und auch zartere Kieselschalen fallen der Auflösung zum Opfer. Die organische Substanz bleibt zwar erhalten, verliert aber durch die bakterielle Zersetzung ihre äußere und innere Form (Struktur). Die Lieferanten der organischen Substanz sind also meist unkenntlich und nur gelegentlich findet man auf Schichtoberflächen hornartige oder chitinöse Reste von zerfallenen Fischen, Krebsen oder Insekten, seltener kalkige Schalen, besonders von Foraminiferen, die im Oberflächenwasser über der vergifteten Zone lebten. Auch die Faulschlamme sind durch den Gehalt von Schwefelkies gekennzeichnet, und hierdurch, sowie durch die oft reichliche organische Substanz dunkel bis schwarz gefärbt. Wenn die Grenze Sauerstoff/Schwefelwasserstoff im freien Wasser liegt, schneidet sie gegen das Ufer des Gewässers zu in die Bodenablagerungen; hier ist die Zone der stärksten Schwefeleisen-Bildung, gebunden an die Bakterien-Platte (siehe S. 85).

Fossile Seeablagerungen. Wie finden wir nun diese organischen Seeablagerungen in versteinertem Zustand wieder? Die mineralischen Ablagerungen treten als Schotter, Sand, Ton (bzw. in verfestigtem Zustand als Konglomerat, Sandstein, Schiefer) mit Resten oder Spuren von solchen Pflanzen und Tieren auf, wie sie im Süßwasser leben. Meist finden wir viele solcher Schichten miteinander vergesellschaftet; im Verband mit diesen mineralischen Süßwasserablagerungen müssen wir dann auch die umgebildeten Gyttjen und Faulschlamme erwarten. Diese müssen sich von den mineralischen Ablagerungen durch ihren Gehalt organischer Stoffe unterscheiden. Wir finden nun tatsächlich mit den mineralischen Süßwasserablagerungen auch Ablagerungen mit hohen organischen Gehalten vergesellschaftet; das sind aber so gut wie immer kohlige Ablagerungen. Die Humuskohlen schalten wir als Wald- und Sumpfablagerungen von unseren Betrachtungen hier aus. Dann bleiben die Cannelkohlen, Bogheads, Brandschiefer, Kohlenölschiefer usw. als Unterwasserablagerungen, die ursprünglich Dy, Gyttja oder Faulschlammablagerungen gewesen sein müssen.

Der normale Gang der Ereignisse ist meist etwa dieser. Eine alte Landoberfläche, die durch Frost, Hitze, Feuchtigkeit und Austrocknung verwittert ist, und von Wind und Regen abgespült worden ist, senkt sich im Laufe langer Zeiträume. Dabei wird das Gefälle der Flüsse (der Höhenabstand bis zum Meeresspiegel) kleiner, der Wasserabfluß schwieriger. In gleicher Weise wird der Wasserabfluß erschwert, wenn sich ein Teil des Landes an der Küste hebt; dadurch werden die küstenferneren Teile der Flüsse gestaut. In beiden Fällen steigt der Grundwasserspiegel. Auf Trockenwälder folgen Sumpfwälder und Sümpfe. Wenn der Wasserspiegel so hoch angestaut wird, daß er über die Landoberfläche hervortritt, entstehen Seen. — Sobald sich das Land wieder hebt oder sich die Flüsse tiefer einschneiden, sinkt der Grundwasserspiegel und wir erhalten die umgekehrte Reihenfolge, vom See zum Sumpf und schließlich zum trockenen Boden.

Diese Veränderungen finden wir in den Ablagerungen wieder. Nur verläuft das alles meist nicht so regelmäßig, denn die Natur macht gern Sprünge. Aber wir finden doch oft Wald- und Sumpfablagerungen als Kohlen wieder, die über einer alten Landoberfläche liegen (Grundflöze). Diese Kohlen gehen nach oben oft in Brandschiefer über, in denen man hornige Fischschuppen, Abdrücke von Fischskeletten, hornige Schneckendeckel, chitinöse Insektenpanzer, verschiedene Exkremente usw. findet; durch diese Versteinerungen und den Gehalt an organischen Stoffen erweisen sich die Brandschiefer als Seeablagerungen und zwar als Gyttjatone. Darüber folgen dann häufig mineralische Sedimente, Tone, Sande und Schotter, die in einem von frischem Wasser durchströmten Seebecken abgelagert wurden, das durch Flußtrübe und Flußschotter allmählich zugeschüttet wurde.

Oder wir finden mineralische Flußablagerungen, erst Sande, dann Tone, darüber Brandschiefer oder Faulschlammkohlen; hier ist ein Seebecken allmählich von einem kräftig durchströmten zu einem stillen Gewässer geworden. Über Brandschiefer oder Faulschlammkohle finden wir dann oft gewöhnliche Kohlen. Diese Verbindung der Fauschlammkohlen, Brandschiefer usw. mit gewöhnlichen Kohlen einerseits und mineralischen Ablagerungen mit Süßwasserlebewesen andererseits, entspricht ganz der idealen Entwicklungsreihe vom durchströmten zum stehenden Gewässer und vom See zum Sumpf.

Wir können diese Entwicklungsreihen oft genug verfolgen; überall führen sie zu kohligen Gesteinen. Stark tonige Gyttjen und Faulschlamme finden wir als Brandschiefer wieder. Weniger tonige Gyttjen, Faulschlamme, und wohl auch Dy, finden wir heute als Kohlenölschiefer, bituminöse Kohlen usw. Die Algengyttjen erkennen wir mit wohlerhaltenen Algen in den Boghead-kohlen wieder.

Seeablagerungen und Erdöl. Bis jetzt sind wenig nutzbare Erdöllagerstätten bekannt, die aus Seeablagerungen entstanden sein könnten. Kalke zwischen Seefaulschlammen führen manchmal Erdteer und Asphalt. Die Bildung von Erdöl ist also auch aus Süßwasser-Faulschlamm möglich. Ob ein Erdölvorkommen aus Süßwasser-Ablagerungen stammt oder nicht, sollte aus dem Salzgehalt des Begleitwassers, vielleicht auch aus der Isotopenzusammensetzung des Sauerstoffs der am wenigsten umgebildeten Öle, erschließbar sein.

Warum Erdöl in Süßwasser-Ablagerungen so selten ist, ist eine noch ungelöste Frage, die vielleicht mit den Spurenelementen (Kap. 6) zusammenhängt. Vorläufig haben wir die Beobachtungen zusammengetragen und rein statistisch festgestellt, daß keine Zusammenhänge zwischen See- und Sumpfablagerungen und großen Erdöllagerstätten bestehen, sondern daß wir die verschiedenen Typen der organischen See- und Sumpfablagerungen in Gestalt von Kohlen wiederfinden. Die Kohlen, welche aus Gyttjen entstanden sind, und ganz besonders die Faulschlammkohlen, haben einen Gehalt an erdölverwandten Stoffen, der bei der Erhitzung Schwelteere liefert, daher der Name Kohlenölschiefer für die Faulschlammkohlen. Also etwas Erdölähnliches wird wohl aus den organischen Stoffen der Gyttja und des Faulschlammes der Süßwasser-Seen, aber doch meist kein flüssiges Erdöl. Ich möchte annehmen, daß die Gerüststoffe der höheren Pflanzen daran schuld sind, daß nur feste Bitumina entstehen. Diese Gerüststoffe sind anscheinend sehr schwer umzubilden. Sie binden und schützen als feinmaschige Gerüste die bei der Umbildung entstehenden Stoffe. Beim Festhaften an Oberflächen werden auch die Erdölstoffe verdichtet und bilden dabei große Moleküle; sie gehen aus dem flüssigen in den festen Zustand über. Auch der Sauerstoffgehalt der Gerüststoffe mag bei diesen Verfestigungen eine Rolle spielen. So bilden z. B. bei der Harzbildung aus Spaltbenzin oder bei der Verhärtung des Asphalts Sauerstoffverbindungen die Anregungsstoffe (Katalysatoren) für die Bildung der großen Moleküle der festen Stoffe.

Wenn nun aber in einem See gar keine höheren, sondern nur niedere Pflanzen abgelagert wurden? Das ist z. B. bei den Algengyttjen der Fall. Aus solchen Gyttjen werden wahrscheinlich zunächst leichenwachsähnliche Stoffe, und heute liegen diese Stoffe als braunes, gelbes, kresses, aber stets festes Gesteinsbitumen vor. Auch hier mag die erhaltene organische Form und Gewebestruktur ein Gerüst zur Anlagerung abgeben, und der Sauerstoffgehalt harzartiger und wachsartiger Stoffe und der Fettsäuren mag die Umbildung beeinflussen. Auch diese Umbildungen sind noch nicht geklärt. Aber wir finden die typischen Algengyttjen stets in der Form der Bogheads wieder. — Nun sind ja die Algengyttjen keine Faulschlamme. Was würde aus Süßwasserfaulschlammen werden, wenn solche nur oder vorwiegend aus niederen Pflanzen entstehen? Wir vermuten, daß die Vorkommen von Öl und Asphalt in manchen Süßwasserablagerungen auf solche Faulschlamme zurückgehen.

Aus den Süßwasserfaulschlammen entstehen meist bituminöse Kohlen bzw. Kohlenölschiefer, aus denen durch Schwelung Teer („Öl") gewonnen werden kann; auch einige wenige, sehr kleine Öl- und Asphaltvorkommen sind aus Süßwasserfaulschlamm entstanden. Die meisten großen praktisch nutzbaren Erdöllagerstätten der Erde aber haben mit Süßwasserfaulschlamm nichts zu tun.

Die organischen Ablagerungen der Süßwasserseen und Sümpfe bilden sich meist zu Kohlen um; zwischen ihnen und den meisten großen Erdöllagerstätten bestehen keine Beziehungen.

Brackwasserablagerungen. Unter Brackwasser verstehen wir Salzwasser, dessen Salzgehalt erheblich geringer ist als der des Meerwassers. Solche Wasser können durch Eindampfen von Flußwasser entstehen, wie heute im Kaspi; die Zusammensetzung weicht dann von der des Meereswassers ab; wir nennen diesen Wassertyp „Kaspibrack". Andererseits können Brackwasser dadurch entstehen, daß Meereswasser durch Flußwasser verdünnt wird (Schwarzes Meer, Ostsee); das nennen wir „Normalbrack". Die Grenze zum Meerwasser legen wir dort, wo wir an der Tierwelt deutlich den Einfluß der Wasserveränderung erkennen können, d. h. bei etwa 2% Salzgehalt (gegen 3,5% im freien Meer). Aus diesem Grund ziehen wir die Grenze zum Süßwasser bei einem Salzgehalt von etwa 0,1%.

Der typische Bereich normalbrackischer Wasser ist jene Küstenzone, in der Süß- und Meerwasser sich mischen. Man hat vielfach geglaubt, daß hier ein Massensterben einsetzen müßte, wenn bei Flut salzigeres, bei Ebbe süßeres Wasser den Brackwasserraum durchströmt. Diese Ansicht ist aber falsch; denn die Lebewesen (auch die sonst sehr empfindliche Schwebewelt) des Brackwasserraumes sind an diese Schwankungen angepaßt. Die Leichenanhäufungen am Boden der Brackwasserräume bestehen fast nur aus den ganz normal sterbenden Brackwasserlebewesen. Die empfindlichen Salzwasser- oder Süßwasserformen, die bei einer Salzgehaltschwankung „katastrophal“ zugrunde gehen müßten, spielen in den Ablagerungen des Brackwasserraumes praktisch keine Rolle.

Die Zwischenlagerungen von Süß-, Brack- und Salzwasser-Ablagerungen, welche der Geologe an Hand des Versteinerungsgehaltes der Schichten feststellen kann, spielen schon gar keine Rolle für ein „katastrophales“ Sterben; denn diese Zwischenlagerungen entsprechen so langen Zeiträumen, daß währenddessen die Lebewelt die Verschiebung der Lebensbedingungen ruhig mitmachen kann. Wir erleben heute z. B. solche Verschiebungen in Skandinavien (dessen Küsten steigen), an unserer Nordseeküste (die sinkt) usw. Selbst dort, wo in kurzer Zeit große Mengen Sediment abgelagert wurden (wie im rumänischen Pliocän, das je nach Örtlichkeit Mächtigkeiten von 1000—3000 m aufweist), bezeichnet eine Tonablagerung von Meterdicke meist einen Zeitraum von hundert bis tausend Jahren; hinzu kommt noch, daß die Schichtflächen Lücken von beliebig langer Dauer darstellen können.

In vielen Ölfeldern finden sich u. a. auch Brackwasserablagerungen, und man hat deshalb geglaubt, statistisch einen Zusammenhang zwischen Brackwasserablagerungen und Erdöl feststellen zu können. Das zeigt, wie gefährlich eine unüberlegte Statistik werden kann. In vielen Ölgebieten ist eine Schichtfolge von mehreren tausend Metern Dicke ölführend, wenn man die Abstände aller Schichten zusammenrechnet, die Öl enthalten. Wir kommen dann z. B. in Rumänien auf 3000 bis 4000 m, in Kalifornien auf ebensoviel usw. Die Wahrscheinlichkeit, irgendwo innerhalb einer Dicke von soviel tausend Metern Brackwasserablagerungen anzutreffen, ist sicher größer als 50%. Da kann das häufige Auftreten von Brackablagerungen in ölführenden Gebieten nicht wundernehmen, und gibt keinesfalls einen Grund für die Annahme irgendwelcher Zusammenhänge zwischen Brackwasser und Ölbildung. Die Brackwasserablagerungen, deren Zusammenhang mit der Erdölbildung man nachzuweisen versuchte, liegen bald unter, bald über den ölführenden Schichten. Sollte ein gesetzmäßiger Zusammenhang bestehen, so müßte man die Brackwasserablagerungen stets an wesentlich gleichen Stellen der ölführenden Profile erwarten.

Brackwassernatur einer Ablagerung bedingt für sich allein noch keine Erdölbildung; dazu kommt es nur, wenn die im nächsten Abschnitt geschilderten Bedingungen noch hinzutreten.

Meeresablagerungen. Wie in den Süßwasserseen, so finden wir auch im Meere mineralische Ablagerungen, Gyttjen und Faulschlamme, in derselben Abhängigkeit von der Wasserbewegung und Durchlüftung des Wassers. Einen ganz geringen Gehalt an organischen Stoffen haben natürlich auch die mineralischen Ablagerungen.

Organische Substanz in heutigen Ablagerungen. PARKER D. TRASK hat 2000 meerische Proben aus aller Welt untersucht. Weitaus die meisten Proben sind mineralische Ablagerungen. Seine Ergebnisse sind: In der Nähe der Küste steigt oft der Gehalt an organischen Stoffen. An geschützten Stellen, wie in Buchten oder Tiefstellen, steigt der Gehalt an organischen Stoffen; ebenso mit abnehmender Stärke der Strömung und schließlich mit abnehmender Korngröße der mineralischen Teilchen. Setzen wir diese Beobachtungsreihe logisch fort: größere Mengen organischer Stoffe lagern sich in geschützten Buchten und Tiefen, in ruhigem Wasser und zusammen mit Ton ab.

Die Tiefseeablagerungen der Ozeane enthalten nur geringe Mengen organischer Substanz, im Mittel etwa 1%; es sind mineralische Ablagerungen. Das kommt daher, daß die Pole heute Eiskappen tragen. Das kalte, sauerstoffreiche Wasser sinkt zu Boden und strömt gegen den Äquator. Im Bereich dieses sauerstoffhaltigen Wassers verwesen die organischen Substanzen meist schon beim Niedersinken, der Rest noch auf dem Boden. Denn die Ablagerung geht langsam vor sich, es dauert oft Jahrzehnte oder Jahrhunderte, bis die abgelagerten Reste zugedeckt werden. Infolge dieser Strömungsverhältnisse sind die heutigen Tiefseeablagerungen eigentlich „Eiszeitablagerungen"; das ist sicher eine große Ausnahme in der Erdgeschichte. In Zeiten, in denen die kalten Polarströme fehlen, mögen weite Räume der Ozeane sauerstoffarmes (wie heute der Stille Ozean) oder sauerstoffloses Wasser (wie das Schwarze Meer) geführt haben. Wir finden im Silur und im Lias versteinerte Faulschlammtone und Gyttja-Tone in weiter Verbreitung.

Auch in den Ablagerungen des Mündungsgebietes von Flüssen (Deltas) ist der organische Gehalt meist klein; TRASK fand ihn im Maximum zu etwa 4,6%. — Dasselbe beobachten wir in den Wattenablagerungen; der organische Gehalt (meist 1—3%) nimmt mit der Feinheit des Korns der Ablagerung zu. — Wir dürfen das wohl darauf zurückführen, daß die Räume der großen Deltas und Watten keine großen Wassertiefen aufweisen; hier wird der Sand und Schlamm von den Strömungen hin und her getrieben und immer wieder umgelagert, wobei die organischen Stoffe rasch verwesen.

Ablagerungen stillen Wassers. Die Bedingungen stillen Wassers finden wir am ehesten in abgeschnürten Meeresbuchten, wie im Firth of Clyde (Schottland), im Limfjord (Dänemark) und norwegischen Fjorden (STRØM), in südrussischen Limanen (durch

Landzungen abgeschnürte, abgesunkene Flußmündungen) usw. Ferner findet sich stilles Wasser im toten Winkel zwischen verschiedenen Strömungen. Das trifft besonders auch für die Mitte von Strömungskreisen zu. Diese Strömungskreise sind Wirbel in ganz großem Stil; in ihrer Mitte ist das Wasser ruhig; dort werden die organischen Stoffe zusammengetrieben, dort bilden sich die an organischen Stoffen reichsten Ablagerungen, Gyttjen oder Faulschlamme. Auch an der Oberfläche des Meeres kann man das Zusammentreiben organischer Stoffe im Innern der Stromwirbel oft erkennen; wo nämlich treibende Algen weite Wasserflächen als schwimmende Wiesen bedecken, wie in der Sargasso-See.

Aber auch tiefere Mulden des Meeresbodens können stilles Wasser enthalten, wenn nämlich die Strömungen über diese Stellen weggehen. Das ist allerdings nur dort möglich, wo es keine kalten Bodenströme gibt; denn das kalte Wasser dieser Bodenströme ist schwerer als das übrige Wasser und sinkt daher stets zu den tiefsten Stellen.

Erzeugung und Ablagerung der organischen Stoffe. Der organische Gehalt des Meeres ist in erster Linie abhängig vom Leben „autotropher" Pflanzen. Alle anderen Lebewesen (Pilze und Tiere) leben von der Substanz solcher Pflanzen. Längs der Meeresküste finden wir häufig Gürtel von Algen oder höheren Pflanzen, die im Boden wurzeln; wer Helgoland kennt, wird sich an den Blasentang (*Fucus vesicularis*) erinnern, wer die Ostsee kennt, wird an das Seegras (*Zostera*) denken. Im Bereiche solcher Küsten (z. B. in den dänischen Fjorden) wird zwar die Hauptmenge der organischen Stoffe von solchen bodenfesten Pflanzen geliefert, aber — und dies ist von größter Bedeutung — die tote Pflanzensubstanz sammelt sich nicht dort an, wo diese meerischen Wiesen wachsen. Die Meereswiesen wachsen in bewegtem Wasser mit Sand- oder Steingrund. Tote organische Stoffe, die an solchen Stellen abgelagert werden, verwesen. Daher verschwindet die organische Substanz aus den Sanden der Seegraszone zum größten Teil. Ein halbes Jahr nach dem Seegras-Sterben von 1937 konnte man auf den Standorten der Seegras-Wiesen der Kieler Bucht weißen Sand ohne organische Beimischung fischen. Losgerissene und zerfallene, tote Pflanzenreste aber werden zu küstenferneren Orten in tiefes, ruhiges Wasser getrieben und dort zusammen mit den feinsten mineralischen Teilchen, der Tontrübe, geablagert.

Die Zunahme des organischen Gehaltes mit abnehmender Korngröße der Ablagerungen hat folgende Ursache: Die organischen Stoffe sind nur wenig schwerer als Wasser, sie schweben daher im Wasser und werden auch von ganz leichten Strömungen mitgenommen; auch haben die organischen Stoffe oft die Form von Blättern, Fäden usw.; die Schwebewesen (Plankton) haben meist Gittergerüste mit langen Nadeln als besondere Schwebeeinrichtung und die Tange oft gasgefüllte Blasen, um leichter zu sein. Nur in ganz ruhigem Wasser sinken solche Stoffe zu Boden, in bewegtem Wasser treiben sie, bis sie verwesen. — Die mineralischen Stoffe aber sind meist 2,5—3mal schwerer als Wasser und ihre Form ist die gedrungener Körner; diese Mineralkörner sinken daher rasch unter, und es bedarf einer beträchtlichen Wasserströmung, um sie in Bewegung zu halten. Je kleiner aber ein Körper ist, desto größer ist das Verhältnis Oberfläche geteilt durch Volumen. (Wenn man einen Körper zerbricht, bleibt das Volumen gleich, die Gesamtoberfläche ist um die Bruchflächen vergrößert worden.) Je größer dieses Verhältnis, desto leichter wird ein solches Körnchen von den Wasserbewegungen in Schwebe gehalten. Wo also das Wasser so ruhig geworden ist, daß sich die organischen Reste ablagern, dort führt es nur noch allerfeinste Tontrübe mit sich. Darum nimmt der Gehalt an organischen Stoffen zu, wenn die Korngröße der Ablagerungen abnimmt. Andererseits schützt der Ton die organischen Stoffe nach der Ablagerung; die winzigen schuppenförmigen Tonteilchen haften fest aneinander, wenn sie einander berühren; sie werden daher nicht leicht wieder von bewegtem Wasser aufgearbeitet. Dagegen bestehen bei Sandkörnern keine besonderen Haftkräfte; die großen runden Sandkörner berühren einander nur an wenigen Punkten; auch sind sie zu groß, um fest aneinanderhaften zu können. Darum ist Sand, wenn seine Hohlräume mit Wasser oder Luft voll erfüllt sind, leicht beweglich und wird auch nach Ablagerung leicht aufgewirbelt. (Feuchter Sand dagegen, dessen Körner mit einer Wasserhaut umzogen sind, dessen Poren aber Luft enthalten, hält fest zusammen.) — Auch schützt der Ton vor Wasserbewegung innerhalb der Ablagerung; denn in den winzigen, schlitzartigen Poren bewegt sich das Wasser nur sehr schwer, während es sich in den großen Poren der Sande leicht bewegt.

Tätigkeit der Bodentiere. In den dänischen Fjorden wird im Herbst so viel Material der Seegras- und Algenwiesen abgelagert, daß es zu keiner regelrechten Besiedlung durch Schlammfresser kommt; es bilden sich zwar typische Gyttjen mit brauner Oberflächenzone und schwarzer Tiefenzone, aber die Durchwühlung und die Exkremente der Bodenfresser fehlen. Dagegen sind ärmere Ablagerungen (Schlicke) oft reich mit Schlammfressern und Zerreibselfischern besetzt; so z. B. die deutschen Watten.

Der Schlick der Watten wird von den Schlammfressern durchwühlt und als Exkrement neu abgelagert. Wir können das besonders gut am Strand beobachten. In unseren Breiten sind es meistens Würmer (Sandwurm = *Arenicola*, Abb. 23) und kleine Krebse *(Corophium)*, in den Tropen sind besonders Krabben und Schnecken mit diesem Absuchen und Durchfressen der Oberfläche beschäftigt (Abb. 24). Unter Wasser schlürfen auch Muscheln mit langen schlauchförmigen Siphonen den oberflächlichen Schlamm. Die Auswurfstoffe (Exkremente) dieser Schlammfresser haben natürlich weniger organische Stoffe als der ursprüngliche Schlamm, denn etwas ist ja von den Tieren verdaut worden.

Bei den Zerreibselfischern ist es anders. Das sind Tiere, die auf oder in den Ablagerungen siedeln und mit ihren Fangarmen (Tentakeln) oder Saugschläuchen (Siphonen) aus dem freien Wasser kleine Lebewesen und ganz besonders totes Zerreibsel von organischen Stoffen fischen. Zu diesen Tieren gehört z. B. die „Sandkoralle“ (*Sabellaria*, ein Wurm); die Miesmuschel *(Mytilus edulis)*; Austern, usw. Die Zerreibselfischer, und auch die Räuber (z. B. der Wurm *Nereis*), fressen keinen Schlamm, sondern sie trachten möglichst nur organisches Material zu fressen; ganz ohne mineralische Teilchen geht das natürlich in dem schmutzigen Wasser nicht ab, aber trotzdem ist die Nahrung dieser Tiere sehr viel reicher an organischen Stoffen als die Nahrung der Schlammfresser; und auch die Exkremente der Zerreibselfischer sind noch reicher an organischen Stoffen als der Schlamm. Aber nur in so armen Ablagerungen wie den Wattenschlicken bilden solche Exkremente die wesentliche Form der Anreicherung organischer Substanz. Der organische Gehalt der Wattenablagerungen ist so gering, daß man sie gar nicht als Gyttjen, sondern nur als Schlicke bezeichnen kann. Auch die Anreicherung organischer Stoffe in den Exkrementen der Zerreibselfischer liefert nur Ablagerungen mit weniger als 10% organischer Stoffe. Rechnet man nun, daß die Stickstoff- und Sauerstoffverbindungen noch im Laufe der Umbildung zerstört werden, so sieht man, daß in diesen Ablagerungen nur wenig organische Substanz erhalten bleibt, aus der sich Erdöl hätte bilden können.

Sapropel. Betrachten wir jetzt den völlig entgegengesetzten Fall eines tiefen, ruhigen und unbewegten Wassers, wie etwa das Schwarze Meer. Hier stellte die Tiefsee-Expedition der Sowjetunion folgende Verhältnisse fest: Das Wasser des Schwarzen

Abb. 23. Kothäufchen des Sandwurmes (*Arenicola*). Minsener Oldoog, Jadebusen, 1929.

Abb. 24. Krabbenhügel. Sha Tin bei Hongkong, 1931. Bleistift als Maßstab.

Meeres enthält vollen Sauerstoffgehalt nur in den obersten 50 m; darunter nimmt der Sauerstoffgehalt ab. An den Küsten finden sich geringe Mengen Sauerstoff bis 200 m; im freien Meer aber nur bis 100 m Tiefe; darunter liegt sauerstoffloses, schwefelwasserstoffhaltiges Wasser bis zu Tiefen von mehr als 2000 m. Nur im Bereich des sauerstoffhaltigen Oberflächenwassers leben an der Küste bodenständige Tiere und Pflanzen, im freien Meer schwimmende (Fische, Krebse usw.) und schwebende (Plankton) Lebewesen; die sauerstofflose Tiefe enthält nur sauerstoffeindliche Spaltpilze (Bakterien). An der Küste finden sich auf riesigen Flächen (über 10000 km^2) freitreibende Wiesen der Alge *Phyllopora rubescens*, welche man zur Jod-Erzeugung verwendet.

Das Schwarze Meer wird von zwei Strömungskreisen durchzogen; die Teilung des Meeres ist durch den Vorsprung der Krim-Halbinsel verursacht. Die Bodenablagerungen des Schwarzen Meeres sind — mit Ausnahme der Küstensande — alle durch Schwefeleisen schwarz oder grau gefärbt. Ungefähr in der Mitte jedes der beiden Strömungskreise bildeten sich die an organischen Stoffen reichsten Ablagerungen. Es sind dies typische, feingeschichtete Faulschlamme mit 23 bis 35% organischer Substanz. Wo tonige mit kalkigen Ablagerungen wechseln, ist der organische Gehalt stets in den tonigen Schichten höher.

Der Stickstoffgehalt des Faulschlammes nimmt innerhalb der Ablagerung zuerst etwas zu, dann etwas ab. Das Verhältnis von Kohlenstoff zu Stickstoff beträgt etwa 6:1, in randlichen Ablagerungen sogar bis 4:1, in rezenter Gyttja 10:1. Der Faulschlamm hat einen Chlorophyllgehalt von 74 bis 99 mg auf je 100 g lufttrockenen Schlammes; während im Kalkfaulschlamm etwa 12 mg, und in Gyttjen und Gyttjatonen 0,2 bis 3,3 mg angetroffen werden. Auch hat der Faulschlamm bemerkenswerte Gehalte an den Metallen Vanadium und Kupfer (0,05% Vanadium, 0,01% Kupfer), während in Gyttjen und mineralischen Ablagerungen nur sehr wenig oder gar kein Vanadium und Kupfer gefunden wurde.

Auf 44°35' nördlicher Breite und 35°0,47' östlicher Länge wurden aus 920 m Tiefe mit dem Schlamm weiße vaselinartige und gelbe ölartige organische Stoffe zutage gefördert. Es ist möglich, daß dies Übergangsstufen zum Erdöl sind.

In sauerstoffhaltigem Wasser verwesen die organischen Stoffe zu Wasser und Kohlensäure. Im Schwarzen Meer ist die sauerstoffhaltige Wasserschicht nur 50—200 m dick; darunter liegen bis mehr als 2000 m sauerstofflose, Schwefelwasserstoff führende Tiefenwasser. Die Leichen der im Oberflächenwasser lebenden Tiere und Pflanzen unterliegen nur so lange der Verwesung, als sie im Oberflächenwasser sind; haben sie diese durchsunken, so gibt es keine Verwesung mehr, obwohl die Leichen noch lange nicht am Boden angelangt sind. Nicht ein langer Sinkweg als solcher, sondern nur ein Sinkweg innerhalb sauerstoffhaltigen Wassers, gefährdet die Erhaltung organischer Stoffe. Nicht alle Tiefseeablagerungen müssen arm an organischen Stoffen sein, sondern nur solche Tiefseeablagerungen, die unter einer mächtigen Schicht sauerstoffhaltigen Wassers liegen. Nicht nur Flachwasserablagerungen, und nicht nur küstennahe Ablagerungen sind reich an organischen Stoffen (Kohlenwasserstoffverbindungen): die an Kohlenwasserstoffverbindungen sehr reichen Faulschlamme des Schwarzen Meeres sind Ablagerungen küstenferner Tiefsee. Auch ist zur Ablagerung von an Kohlenwasserstoffverbindungen reichen Ablagerungen durchaus keine andauernde Senkung des Meeresbodens erforderlich: im Schwarzen Meer könnten sich 1000 m Schlamm ohne Senkung des Meeresbodens ablagern, ohne daß in dem dann immer noch über 1000 m tiefen Meer die Ablagerungssbedingungen wesentlich geändert würden.

Wo das tiefere Wasser durch Schwefelwasserstoff vergiftet ist, dort kann organische Substanz ohne zu verwesen auf den Boden gelangen und sich Faulschlamm bilden. Unter Umständen ist dies auch im offenen Meer der Fall, wenn nämlich große Mengen organischer Substanz absterben. — Das kalte Tiefseewasser ist nährstoffreich, da es die Stoffe der in ihm verwesten, aus höheren Lagen niedergesunkenen Lebewesen enthält, ohne daß diese verbraucht würden; die lichtlose Tiefsee hat keine autotrophen Pflanzen, sondern nur spärliche Räuber und Leichenfresser. Wo kaltes Tiefenwasser aufquillt — weil etwa küstennahes Oberflächenwasser durch winderzeugte Strömung abgetrieben wird —, dort entwickelt sich ein reiches Pflanzen- und Tierleben. Periodische Ursachen, z. B. Vergiftungen durch Dinoflagellaten („Rotwasser"), bewirken periodisches Massensterben. Die Menge der sich zersetzenden Substanz vergiftet das Wasser mit Schwefelwasserstoff, die Ablagerung ist ein Faulschlamm (Zusammenstellung bei BRONGERSMA-SANDERS; Bucht von Concepción, Chile: FALKE; Golf von Oman: SCHOTT).

In Gewässern vom Schwarzmeer-Typ (euxinische Fazies) liegt die Zone reichster Entwicklung von Schwefelbakterien an der Grenze Sauerstoff/Schwefelwasserstoff (Bakterien-Platte). Wo diese Zone in das Sediment des Küstengebietes hineinschneidet, ist die Zone stärkster Schwefeleisen-Bildung.

Vergleich der heutigen meerischen Ablagerungen. Überblicken wir kurz die Ergebnisse: mineralische Ablagerungen, Gyttja und Faulschlamm sind im Meer und im Brack-Bereich ebenso wie in Seen gekennzeichnet als Ablagerungen frischen bzw. stillen bzw. faulen Wassers. Der Gehalt an organischen Stoffen nimmt zu an den Küsten, ganz besonders in geschützten Buchten und Tiefs; der Gehalt an organischen Stoffen nimmt zu, wenn die Korngröße der mineralischen Stoffe abnimmt. Größere Anreicherungen organischer Stoffe finden wir in den Gyttjen der dänischen Buchten, wo das Material der Algen- und Seegraswiesen in solchen Mengen abgelagert wird, daß eine Besiedlung durch Schlammfresser nicht aufkommt. Besonders aber reichern sich die organischen Stoffe im Faulschlamm in Gebieten aufquellenden Tiefenwassers, in abgeschlossenen Meeresbuchten und im Schwarzen Meere an. Die Tiefseeablagerungen des Schwarzen Meeres haben hohe Gehalte an organischen Stoffen, während die Tiefseeablagerungen der großen Ozeane nur einen ganz geringen Gehalt organischer Stoffe besitzen; denn in den großen Ozeanen verwesen die Stoffe, während sie durch mehrere tausend Meter sauerstoffhaltigen Wassers absinken; im Schwarzen Meer aber können die Stoffe nur während des Absinkens durch die obersten hunderte Meter verwesen, darunter liegt sauerstoffloses Wasser, in dem es keine Verwesung mehr gibt.

Im Faulschlamm bleibt der Stickstoffgehalt der organischen Stoffe größtenteils erhalten, in den Gyttjen dagegen nimmt der Stickstoffgehalt rasch ab. Im Faulschlamm reichert sich Chlorophyll bis aufs hundertfache des Gehaltes der normalen Gyttjen an. Auch in Algengyttjen wird Chlorophyll stark angereichert, während in Ablagerungen frischen Wassers Chlorophyll rasch verwest. Im Faulschlamm reichern sich auch die Metalle Vanadium, Molybdän, Nikkel, Kupfer an, wahrscheinlich infolge Adsorption ihrer Verbindungen an Tonteilchen oder durch Bindung an lebendes oder totes organisches Material; in den Gyttjen und mineralischen Ablagerungen sind diese Metalle meist nur in sehr geringen Mengen vertreten.

Fossile meerische Ablagerungen. Ziehen wir nun den Vergleich zu den versteinerten Ablagerungen: Die mineralischen Sedimente finden wir überall ohne nennenswerten Gehalt an organischen Stoffen wieder — wenn sie nicht zufällig später einmal da oder dort mit fertigem Erdöl getränkt worden sind. Diese Tränkungen sind aber stets ganz örtlich und unregelmäßig und ohne jede Beziehung zur Gesteinsausbildung und dem Versteinerungsinhalt dieser Ablagerungen.

Die versteinerten Gyttjagesteine erkennen wir an der Lebewelt. Wir finden die Hartteile, Spuren und Bauten von Lebewesen, die den Boden auf Nahrung absuchten (z. B. die Wurmspuren „*Chondrites*" im Posidonienschiefer); von Muscheln treten besonders solche Formen auf, die lange Siphonen (Schläuche für die Wasser- und Nahrungszufuhr und -abfuhr) besitzen. Diese bodenständigen Lebewesen erscheinen zwar oft in großen Mengen, aber alle Tiere gehören nur wenigen Arten an, eben jenen Arten, die im Gyttjaschlamm leben können. Dagegen sind in meerischen Ablagerungen frischen Wassers oft allein die Weichtiere mit 200 bis 300 und mehr Arten vertreten. Außerdem sind die versteinerten Gyttjen auch gekennzeichnet durch Schwefelkies, der sich aus dem Schwefeleisen der schwarzen Faulzone bildet; und entsprechend dem Gehalt der heutigen Gyttjen an organischen Stoffen finden wir auch in den versteinerten Gyttjen meistens einen Gehalt von kohligen oder bituminösen organischen Stoffen. Bitumengehalt und Schwefelkies färben viele versteinerte Gyttjen und Gyttjagesteine (Gyttjatone usw.) dunkel bis schwarz. Die wenig zersetzten, schwefelkiesarmen Algengyttjen, sowie die Schlicke mit ihrem geringen Gehalt an organischer Substanz, sind oft hell.

Die Trennung einer helleren sauerstoffhaltigen Oberflächenzone von einer dunkleren tieferen Faulzone, die so kennzeichnend für Gyttjen ist, ist nicht erhaltungsfähig. Sobald neue Ablagerungen die Gyttja überdecken, rückt die Faulzone höher und ergreift das, was früher Oberflächenschicht war. Diese Zonen der Gyttjen sind Zeichen der Bodenumbildung und daher in dem umgebildeten, fertigen Sediment wieder verschwunden.

In Gyttjen und Faulschlammen findet man Reste von Lebewesen, die im Wasser über dem Ablagerungsraum schwammen oder schwebten; von schwimmenden Tieren, z. B. Fische, Tintenfische (Goniatiten, Ammoniten) usw., von schwebenden Lebewesen besonders die skeletttragenden Kleinlebewesen der Kieselalgen (Diatomeen), Geißeltierchen (Coccolithen, Silicoflagellaten), Strahlentierchen (Radiolarien) und Kammerlinge (Foraminiferen); im Erdaltertum auch die quallenähnlich lebenden Graptolithen. Da diese schwimmenden und schwebenden Lebewesen vom Ablagerungsraum (dem Meeresboden) unabhängig sind, können sie nicht zur Kennzeichnung des Entstehungsortes der Ablagerungen verwendet werden. Manche derartige Reste (Fischschuppen,

Panzer von Insekten und Krebschen, Graptolithen usw.) finden wir fast nur in Gyttja und Sapropel erhalten; und zwar deshalb, weil diese Reste aus organischen Gerüststoffen (Chitin, Kollagen usw.) bestehen, die im frischen Wasser verwesen.

Die versteinerten Faulschlamme erkennen wir daran, daß sie niemals Reste oder Spuren von Bodentieren enthalten; insbeson-

Abb. 25. Mikrofauna aus dem Oberen Rupelton (Oligocän) von Offenbach am Main. Vergr. 21 mal. Bohnenförmige Ostrakoden (Schalenkrebse z. T. mit Stacheln oder Poren) und verschiedengestaltige Foraminiferen. TRIEBEL phot.

dere fehlen ihnen die Kotballen, die für viele Gyttjen kennzeichnend sind. Da aber auch auf Gyttjen manchmal das Bodenleben fehlen kann, ist dieses Fehlen nicht immer ein absoluter Beweis für die Faulschlammnatur. Wenn allerdings eine Ablagerung bei auch sonst faulschlammartiger Ausbildung auf große Erstreckung nirgends Bodenleben enthält, dann ist der Schluß auf einen ehemaligen Faulschlamm zulässig.

Eine scharfe Trennung von versteinerten Gyttjen und Faulschlammen gelingt durch die chemische Untersuchung; gewöhnliche versteinerte Gyttjen haben sehr viel weniger Porphyrine (z. B. Chlorophyllabkömmlinge) als Faulschlamme, denen allerdings die Algengyttjen gleichstehen; der Stickstoffgehalt der organischen Stoffe und der Metallgehalt ist in den versteinerten

Gyttjen um ein Mehrfaches niedriger, der Jod- und Bromgehalt um ein Mehrfaches höher als in den Faulschlammen gleichartiger Ablagerungsräume. Das Verhältnis Kohlenstoff: Stickstoff liegt bei typischen fossilen Faulschlammen unter 50 (oft nur 30), bei typischen Gyttjen über 70.

Meerische Ablagerungen mit viel organischen Stoffen. Wie bei den Kohlen und Süßwasserablagerungen, so ist es auch bei den meerischen Ablagerungen organischer Stoffe: Es gibt eine große Menge Gesteine, die etwa durch Kohle oder Bitumen dunkel gefärbt sind; aber wirkliche Kohlen und brauchbare Bitumengesteine sind selten, denn Voraussetzung für die Brauchbarkeit ist ein sehr hoher Gehalt an organischen Stoffen. Natürlich gibt es alle Übergänge von mineralischen Ablagerungen, die praktisch frei von organischen Stoffen sind, bis zu den Gesteinen mit hohem organischem Gehalt. Aber die Sedimente frischen Wassers ohne organische Stoffe sind in der ungeheueren Überzahl; und auch bei den Ablagerungen mit organischem Gehalt, bei den Gyttjen und Faulschlammen, überwiegen weitaus Gesteine mit niedrigem organischem Gehalt. Auch finden sich im Meere kaum jemals derartige Anreicherungen organischer Stoffe wie etwa in Süßwasserseen und Sümpfen. Denn die eigentlichen Moore, die hauptsächlich aus Sumpfmoos und anderen niedrigen Pflanzen bestehen, wachsen nur in Süßwasser. Die Süßwasserseen stehen meist in einer Umgebung mit reichem Pflanzenwuchs; ihnen werden oft aus der ganzen Umgebung organische Stoffe zugeführt, und auf jeden Fall erhalten sie von allen Seiten festländische Verwitterungsstoffe, die ein wichtiger Dünger für das Leben der Pflanzen sind. Auch bleiben in den Seebecken die Strömungen leicht oberflächlich, so daß oft eine Schichtung von leichtem warmem über tiefem kaltem Wasser eine Durchmischung verhindert. Zuführung und Selbsterzeugung von organischen Stoffen und günstige Erhaltungsbedingungen helfen zusammen; aber trotzdem sind auch unter Seeablagerungen — von den Algengyttjen (Bogheads) abgesehen — reine Ablagerungen organischer Stoffe eine Seltenheit, und Gyttja- oder Faulschlamm-Gesteine (Kohlenölschiefer), die zur Hälfte aus organischen Stoffen bestehen, gelten schon als sehr gut. — Im Meere aber, wo eine Zufuhr organischer Stoffe vom Lande meist nur von geringer Bedeutung ist, und auch die Düngung durch Verwitterungsstoffe sich auf große Wassermassen verteilen muß; wo auch starke und tiefe Strömungen die Ufer bespülen und täglich die Gezeiten an der Durchmischung der Wasser arbeiten: im Meere finden sich die Gelegenheiten zu sehr reichen Anhäufungen organischer Stoffe noch seltener als in Süßwasserseen. Gelegentlich finden wir aber auch versteinerte Gyttjen und Faulschlamme, die zur Hälfte aus organischen Stoffen bestehen.

Es ist ja nicht etwa so, daß die Gyttjen weniger organische Stoffe besitzen müßten als die Faulschlamme. Der Unterschied zwischen Gyttja und Faulschlamm liegt nur in der Art der Umbildung der organischen Stoffe, nicht in der Reinheit der Ablagerung. Sowohl von Gyttja als von Faulschlamm gibt es alle Übergänge zu rein mineralischen Sedimenten, und von beiden Typen sind auch rein organische Ablagerungen denkbar. Tatsächlich bekannt sind aber praktisch rein organische Ablagerungen nur von den typischen Kohlen und von den Bogheads, das sind Algengyttjen, die statt mit mineralischen Stoffen mit Humusstoffen oder Torfstoffen *(Dy)* vermengt sind.

Die Umgebungsbedingungen von Gyttja und Faulschlamm sind einander recht ähnlich; es kommt daher oft vor, daß in Gyttja Einlagerungen von Faulschlamm auftreten, die sich manchmal durch höheren organischen Gehalt auszeichnen. Denn wenn mehr organische Stoffe abgelagert werden, dann wird auch der vorhandene Sauerstoff rascher aufgezehrt, und diese Bedingungen führen leicht zur Faulschlammbildung. Solche Faulschlammlagen finden sich z. B. im miocänen Glimmerton Norddeutschlands; in den Faulschlammlagen fehlen die Exkremente, die sonst im Glimmerton nachweisbar sind und ihn als Gyttja kennzeichnen. Es ist sehr bezeichnend, daß nicht nur der Gehalt an Bitumen in diesen Faulschlammlagen um das Mehrfache größer ist als in den normalen kohligen Gyttjatonen, sondern daß der Gehalt an *löslichem* Bitumen ganz besonders ansteigt.

Bitumen in meerischen Ablagerungen. Die verschiedenen Arten der meerischen Ablagerungen organischer Stoffe sind für die Bildung der verschiedenen Bitumina von ausschlaggebender Bedeutung. Wir müssen daher solche versteinerte Ablagerungen und die Art des Bitumens in ihnen noch näher betrachten.

In den gewöhnlichen Gyttjen scheint die organische Substanz, soweit sie erhalten blieb, meist zu festem Gesteinsbitumen geworden zu sein. Die Ursache liegt wohl in der Verwesung der leicht zersetzlichen Stoffe in der Oxydationszone der Gyttjen. — Wie es alle Übergänge von Gyttja zum Faulschlamm gibt, so gibt es auch alle Übergänge von kohligen Gyttjagesteinen zu Gesteinen mit ölverwandtem Bitumen.

Andere Umbildungen erfährt die organische Substanz der Algengyttjen. Die Ursache liegt wohl in der fehlenden oder geringen bakteriellen Zersetzung, die aus der Erhaltung der Körperformen und Gewebestrukturen der Bitumbildner (Algen) zu erkennen ist. Als typisches Beispiel eines solchen Gesteins erwähnen wir den estnischen Brennschiefer „Kukkersit". Der Kukkersit enthält eine große Menge von Resten kalkschaliger Tiere; einige dieser Tiere, wie die besonders häufigen Moostierchen (Bryozoen) und die Muschelwürmer (Brachiopoden) waren an die Algen angeheftet, andere Tiere schwammen zwischen den Algen oder krochen auf ihnen herum, so z. B. die Dreilappkrebse (Trilobiten). Auf den treibenden Algen der heutigen Sargassomeere sind ebenfalls hauptsächlich Moostierchen aufgewachsen, und auch wer bei Helgoland Blasentang fischt, wird leicht diese weißen Krusten entdecken, die bei stärkerer Vergrößerung sehr zierlich aussehen. Wir können vielleicht den Kukkersit am ehesten mit den treibenden Algenmassen vergleichen, die an der Küste des Schwarzen Meeres in riesiger Ausdehnung vorkommen und von Wind und Wellen verfrachtet meist in küstenparallele Wälle zusammengetrieben werden.

Im Kukkersit haben wir also ein meerisches Gyttjagestein (Algengyttja), das sehr reich an organischen Stoffen ist. Wohl kann man aus dem Kukkersit durch Destillation Schwelteer gewinnen, aber keinerlei natürliche Erdölvorkommen sind an den Kukkersit geknüpft; nur Erdgas gibt es in seinem Verbreitungsgebiet.

Von Faulschlammgesteinen erwähnen wir zunächst die des Jungtertiärs am Kaukasus. Hier finden wir alle jene Kennzeichen wieder, welche wir in den Faulschlammen des Schwarzen Meeres kennengelernt haben. Es sind Ablagerungen eines größeren alten Schwarzen Meeres, das den Raum des heutigen Kaspisees noch mit umfaßte. In diesem älteren, ausgedehnteren Becken lagerte sich ein Faulschlamm ab, der dem Faulschlamm des heutigen Schwarzen Meeres völlig gleicht, nur ist er etwas fester geworden; es ist heute ein feinstgeschichteter schwarzer bituminöser Ton. Dieser alte Faulschlamm steht in enger Beziehung zu den reichen

Erdölvorkommen von Baku. Hier haben wir eine lückenlose Beweiskette von den heutigen zu den alten Ablagerungen und von diesen zum Erdöl (ARCHANGELSKI).

In Rumänien finden wir Faulschlammgestein zur Oligocänzeit (Alttertiär). Heute liegen die Ablagerungen als Deckfalten übereinander und über ihrem Vorland (vgl. Abb. 12, S. 23). Ziehen wir diese Deckfalten wieder in ihre ursprüngliche Stellung zurück, so finden wir folgendes: Im späteren Oligocän lagerte sich im Gebiet der damaligen Küste (heute oberste Deckfalte) Sand ab; weiter weg von der Küste (heute untere Deckfalte) kommen Sande und Tonsteine vor; ganz weit weg von der Küste (heute Vorland unter und vor den Decken) lagern nur Tone. Im Deckengebiet enthalten die Tonsteine an wenigen Stellen bodenbewohnende Tiere (Krabben, Fische), aber häufig und reichlich gut erhaltene Versteinerungen schwimmender Fische, darunter Tiefseefische mit Leuchtorganen. Eigentliche Bodensiedler und Exkremente fehlen fast der ganzen sehr weit verbreiteten Ablagerung; die Feinschichtung ist nicht durch grabende Tiere oder Schlammfresser zerstört worden. Schwefeleisen und Bitumengehalt zeigen, daß organische Stoffe in reicher Menge abgelagert wurden. Es handelt sich offenbar um einen Meeresteil, dessen tiefstes Bodenwasser vergiftet war, so daß sich ein Faulschlamm bildete. Über dem vergifteten Bodenwasser aber muß eine hohe Schicht sauerstoffhaltigen Wassers gestanden haben, da dort Tiefseefische leben konnten. Beim Durchsinken durch die sauerstoffhaltige Wasserschicht begann schon die Verwesung der organischen Stoffe; wir finden daher nur einen ziemlich niedrigen Stickstoffgehalt im Sediment. Die geringe Dicke der Schwefelwasserstoffzone zeigt sich auch darin, daß die fertige Ablagerung nur einen geringen Metallgehalt hat; denn diese Metalle werden vermutlich als Schwefelverbindungen in dem schwefelwasserstoffhaltigen Wasser von Tontrübe oder organischen Teilchen adsorbiert und mitgerissen. — Wir stellen also bei diesen küstennahen Ablagerungen fest, daß das Wasser damals recht tief durchlüftet (sauerstoffreich) war; ebenso ist heute im Schwarzen Meer das Wasser in Küstennähe tiefer durchlüftet als in Küstenferne. Diese Durchlüftung des Wassers bringt es mit sich, daß solche Faulschlammablagerungen in ihrer chemischen Ausbildung den Gyttjen nahestehen. Zwischen der Verbreitung dieser Ablagerungen und dem Auftreten der Öllagerstätten besteht kein Zusammenhang, ausgenommen vielleicht die vorlandnächsten Teile der unteren Deckfalte (nach Jon Atanasiu).

Anders ist es im Gebiet des Vorlandes (vgl. Abb. 12), das heute zum Teil vor, zum Teil unter den Deckfalten liegt. Hier finden wir echte Faulschlamme mit sehr wenigen zerfallenen Fischresten; die Ablagerung ist reich an Metallen (Vanadium, Molybdän, Nickel). Hier gab es offenbar eine dicke Schicht Schwefelwasserstoff-Wasser und nur eine dünne Schicht sauerstoffhaltigen Wassers darüber. An die Verbreitung dieser Ablagerungen sind die Erdöllagerstätten geknüpft.

Vielerorts finden wir aber in den ölführenden Schichtserien und ihren Unterlagen keine dunklen Faulschlamme mit größeren Mengen organischer Substanz, so z. B. im Wiener Becken, wo die ölführende Schichtserie bis zu ihrer alpinen Unterlage (Flysch in Matzen, Kalkalpin in Aderklaa) durchbohrt ist. Zweifellos ist also die Art der Umbildung, nicht die Menge der Substanz, für die Eignung eines Gesteins als Muttergestein wesentlich; darauf deuteten ja schon die kalifornischen Untersuchungen von Trask. Vergleicht man jedoch die Ölfelder von Baku, von Rumänien und im Wiener Becken, so hat man in dieser Reihe eine Abnahme der Mächtigkeit und des Bitumenreichtums der Muttergesteine: von den mächtigen schwarzen Schiefern Bakus zu den gebänderten dunkelgrauen Cornu-Tonen Rumäniens und den hellgrauen Tonen und Mergeln des Wiener Beckens. In gleicher Richtung nimmt auch der Reichtum der Ölführung ab: Baku produziert das Mehrfache von ganz Rumänien; in Rumänien reichen Öltränkungen bis 3000 m von Salzstöcken und ihren Schubflächen, in den Randstrukturen des Wiener Beckens nur 300 m vom Steinberg-Bruch. Die Art der Ablagerung entscheidet über die Erdölbildung, die ursprüngliche Bitumen-Menge entscheidet über den Reichtum der Erdöllagerstätten. Nun wird es erklärlich, warum Ölschiefer und Ölmuttergesteine einander oft ausschließen: Die Ölschiefer sind meist Gyttja-Gesteine, aus denen zwar Gas (Methan), aber nie Öl entsteht. Ölmuttergesteine sind nur selten so bitumenreich — ob ursprünglich oder infolge Verlustes sei dahingestellt — daß eine Verschwelung wirtschaftlich wäre.

Es gibt aber auch weit verbreitete Faulschlammgesteine, die nicht mit Erdöllagerstätten zusammenhängen. Hierzu gehören z. B. die sehr alten Graptolithenschiefer des Silur oder die deutschen und schwedischen Alaunschiefer des Cambrium und Ordoviz. Ihr Metallgehalt (Vanadium, Uran, Nickel, Molybdän) ist hoch, der Quotient Kohlenstoffmenge geteilt durch Stickstoffmenge ist niedrig, 20—30. Heute sind diese alten Gesteine aber so stark verändert, daß man in ihnen und ihrer Umgebung kein Erdöl mehr erwarten kann. Ob vielleicht zur Zeit der altpaläozoischen Gebirgsbildung aus diesen Gesteinen Öllagerstätten entstanden sind, läßt sich heute nicht mehr feststellen, da die Schichten so weit abgetragen sind, daß jedes Ölvorkommen restlos zerstört wäre.

In den Tonen wird viel Bitumen festgehalten (adsorbiert), und zwar besonders die schweren dunklen Bestandteile. In den Kalkgesteinen (auch die Dolomite gehören dazu) schließen sich die Kalkteilchen später meist zu Kristallen zusammen, dabei werden die Teilchen größer, ihre Oberfläche also kleiner. Durch das Abnehmen der Oberfläche können aber Stoffe, die an der Oberfläche hafteten, in Freiheit gesetzt werden. Kalke nehmen Unreinigkeiten leicht in den Kristallbau auf, Dolomitkristalle schieben die Verunreinigungen beim Weiterwachsen vor sich her. Dadurch werden die Verunreinigungen, also auch das Bitumen, zwischen den Kristallen angereichert. Es ist daher wohl möglich, daß bei der Umkristallisation von Kalken zu Dolomiten auch ein ursprünglich geringer Bitumengehalt so weit angereichert wird, daß er als Erdöl auswandern kann.

Wir finden aber auch Dolomite mit hohen Bitumengehalten, die keine Erdöllagerstätten gebildet haben. So führen z. B. die Bitummergel des Hauptdolomits von Seefeld (Tirol) nur Öltröpfchen und Asphalt. Trotz der Gebirgsfaltungen ist der hohe Bitumgehalt (meist 8—14%, maximal bis zu 50%) nicht weit ausgewandert. Außer Anreicherungen in dem Sattelscheitel (Urmigration im kleinen) finden wir gelegentlich noch benachbarte Kalke und Dolomite mit asphaltiertem Bitumen erfüllt. Die Ursache düfte folgende sein: Der Hauptdolomit ist erst während der Gesteinsbildung aus einem Kalk zu einem Dolomit geworden. Kalk ist stärker wasserlöslich als Dolomit; solche Lösungen wirken asphaltbildend. Ganz besonders aber wirken schwefelsaure Lösungen asphaltierend; die Bitummergel haben hohe Schwefelgehalte. Das Vorhandensein schwefelsaurer und kohlensaurer Lösungen dürfte hier, wie meist in Kalken, zu einer frühzeitigen Asphaltierung des Bitumens geführt haben; auch waren die bitumenreichen Lagen so dünn, daß sie sich heute nur in Zusammenschuppungen als meterdicke Linsen („Elefanten“) finden.

In Faulschlammgesteinen mit besonders hohen Sulfidgehalten (Kupferschiefer, Schwarze Kreide) findet eine starke Kohlenstoffanreicherung im Bitumen statt, die bis zur Graphitbildung führen kann.

Salinare Ablagerungen. Als salinare Ablagerungen bezeichnen wir Ablagerungen aus Wassern, die salziger sind als Meerwasser. Der Salzgehalt des Meerwassers beträgt im Mittel 3,55%, im Extrem werden etwa 4—6% erreicht. Etwa bei 6% können wir die Grenze von Meerwasser und salinarem Wasser ziehen, wenn wir wieder den Einfluß des Salzgehaltes auf die Lebewelt als entscheidend betrachten. — Insbesondere gehören alle Ablagerungen hierher, die Ausscheidungen von Gips oder Salzen enthalten.

Man hat früher gern angenommen, daß konzentrierte Salzwasser einen konservierenden Einfluß auf organische Stoffe ausüben und daher die Vorbedingungen für die Bildung eines Ölmuttergesteines seien. HECHT konnte aber zeigen, daß selbst konzentriertes Meerwasser (34% Salzgehalt) zwar die Verwesung verzögert, aber nicht verhindern kann, wenn Sauerstoff anwesend ist. Andererseits ist es richtig, daß wir zusammen mit Salz öfters Bitumen finden (bituminöses oder ölführendes Steinsalz; Knistersalz = gasführendes Steinsalz). Auch werden Steinsalzlager oft von bituminösen Gesteinen über- oder unterlagert. — Faulschlammbildung wird durch Räume begünstigt, die so weit abgeschlossen sind, daß Tiefenströmungen nicht vorkommen. Eine Senkung des Meeresspiegels führt leicht zum weiteren Abschluß einer derartigen Bucht, und bei genügend trockenem Klima zum Eindampfen des Wassers, wie heute im Kara Bugas (Kaspi). Umgekehrt würde eine Senkung des Landes aus einem Salzsee eine nur halb abgeschlossene Meeresbucht machen können.

Der Kara Bugas ist eine Bucht des Kaspi, mit diesem durch einen schmalen Seearm verbunden, durch den andauernd ein Strom Seewasser in die Bucht fließt; der Zufluß gleicht nur die Menge des verdunsteten Wassers aus. Dieser Zufluß führt täglich etwa 350000 t Salz in die Bucht. Der Salzgehalt des Kara Bugas beträgt 16—28%, der Salzgehalt des offenen Kaspi etwa 1,3%. Am Rande des Kara Bugas bilden sich Gipskristalle, in der Mitte scheidet sich Glaubersalz aus, aber nur im Winter, weil bei den sommerlichen Temperaturen der Sättigungsgrad nicht erreicht ist. Die hohe Salzkonzentration des Wassers macht jegliches Leben (außer für Bakterien) im Kara Bugas unmöglich. Die mit dem Zustrom zugeführten schwimmenden oder schwebenden Lebewesen des Kaspi gehen daher im Kara Bugas zugrunde. Das salzarme Wasser der Strömung schichtet sich über das salzreiche, daher schwere Wasser der Bucht, so daß wir hier ein schweres, unbewegliches Tiefenwasser vorfinden. Unter solchen Umständen können sich leicht Faulschlamme und Gips oder Salze gleichzeitig ablagern. Da aber die Menge der durch einen schmalen Meeresarm eingeschleppten Lebewesen sich auf eine weite Bucht verteilen muß, kommt davon auf die Flächeneinheit der Bucht nicht viel.

Die bituminösen Einlagerungen in Salzgesteinen sind meist nur dünn und recht arm an Bitumen. Im reinen weißen bis durchsichtigen, praktisch jodfreien Steinsalz Rumäniens finden wir Einlagerungen von dunklem bituminösem tonigem und anhydritführendem Salz, oder von bituminösem Ton mit Anhydrit oder Knistersalz. (Das Knistern entsteht durch die Gaseinschlüsse im Salz, die sich auf frischem Bruch, oder beim Auflösen des Salzes, in kleinen Explosionen befreien.) Je mehr Ton und Gips das Salz enthält, desto mehr Jod enthält es auch (Jod reichert sich in Lebewesen des Meeres an). Das weiße Steinsalz ist eine Ablagerung lebensleerer, hochkonzentrierter Salzseen. In diese Salzseen strömte offenbar zeitweise Meerwasser oder Süßwasser in solchen Mengen, daß das Wasser bis unter die Sättigungsgrenze für Kochsalz verdünnt wurde; Schichtung zeigt, daß es sich um länger dauernde Verschiebungen handelte. Aus dem so verdünnten Wasser schied sich dann nicht mehr Kochsalz (das als Mineral Steinsalz heißt), sondern nur noch Anhydrit aus. Diese Strömungen brachten auch Tontrübe und eine Lebewelt mit; die Lebewesen aber mußten in der immer noch hochkonzentrierten Salzlösung sterben. Die Überschichtung des leichten zugeströmten Wassers schloß das Tiefenwasser vom Luftsauerstoff ab und ermöglichte so die Bildung von Faulschlammablagerungen. So erklärt es sich, daß wir heute die Faulschlammprodukte Bitumen und Gas, das ursprünglich in Lebewesen angereicherte Jod, und die Tontrübe zusammen findenmit einer Veränderung der Ausscheidungen von Salz zu Anhydrit. Bohrungen im Salz von Slanic ergaben geringe Mengen weinfarbigen Erdöls.

Ein großer Teil fossiler Salzvorkommen mag auf Wüstenseen, ähnlich den Schotts Nordafrikas oder dem Toten Meer, zurückgehen. Solche Wüstenseen in lebensfeindlicher Umgebung kommen als Entstehungsort des Erdöls nicht in Betracht.

Das Vorkommen von Erdöl an Salzstöcken hat mit diesen Beziehungen zwischen Salz und Erdöl nichts zu tun. Das Erdöl an den Salzstöcken gehört meist den Mantelschichten an, die jünger sind als das Salz des Salzstockkernes. Lediglich der Bau der Salzstöcke bedingt die Bildung der „Ölaureolen“: Beim Durchstoßen des Salzes quer durch die Schichten reißt ein Stern von Radialspalten auf, auf denen das Öl hochwandern kann. Die Mantelschichten werden am Salzstock hochgeschleppt und die aufgerichteten Sande und Sandsteine werden dann in ähnlicher Weise zu „Ölfallen“, wie in den Sätteln. Ähnliche Ölaureolen gibt es auch um Stöcke von Eruptivgestein.

Die Katastrophenfrage und die Menge organischer Stoffe im Meer. Es gibt viele Erklärungsversuche der Ölbildung, die meinen, daß eine stärkere Anhäufung organischer Stoffe durch Katastrophen bedingt sein müsse. Tatsächlich sind zur Bildung nutzbarer Öllagerstätten große Mengen organischer Urstoffe nötig. Die Schwebewelt (Plankton), aus der sich das Öl vorzugsweise bildet, besteht zu 90% und mehr aus Wasser; von dem organischen Rest fällt wenigstens die Hälfte in Form sauerstoff-, stickstoff- und schwefelhaltiger Moleküle, ein weiterer Teil in Form von Erdgas bei den Umbildungen auf dem Weg zum Erdöl ab; auch von den eigentlichen Kohlenwasserstoffen wird ein Teil von den Mineralien des Gesteins festgehalten (adsorbiert). Nur ein Bruchteil (TRASK: 4—15%) der ursprünglichen, wasserfrei berechneten, organischen Substanz kann zu Öl werden.

Sehen wir nun zu, wie viele organische Stoffe normalerweise in der See vorhanden sind. Der größte Teil der freien Ozeane hat weniger als 10000 Schwebewesen im Liter der Oberflächenschicht des Wassers, nur ein kleiner Teil der Meere hat mehr als 100000 Schwebewesen im Liter Oberflächenwasser; die Oberflächenschicht der Meere ist aber der Erzeugungsort aller organischen Substanz und auch (abgesehen vom Boden der schmalen Küstenstreifen) die Zone reichsten Lebens. So finden wir am Äquator von 0 bis 50 m etwa 10000 Schwebewesen im Liter, bei 200 m nur mehr 726, bei 400 m 261, von 3000 bis 5000 m rund 17 Schwebewesen je Liter (HENTSCHEL).

Die organische Trockensubstanz von je einer Million Stück Schwebewesen wiegt von Copepoden 3,2 g, von Peridineen 0,016 g, von Diatomeen 0,00013 g (BRAND, JENSEN); noch kleiner sind die Coccolithophoriden, die einen großen Teil des Zwerglebens der Meere bilden.

In der Kieler Bucht finden sich in einer 20 m hohen Wassersäule vom Querschnitt 1 Quadratmeter: 2,2 g organischer Trockensubstanz von Schwebewesen (Jahresmittel). Küsten, ganz besonders aber Fjorde, sind sehr reich an Schwebewelt, da Nährstoffe unmittelbar vom Lande reichlich zugeführt werden. Demgegenüber ist der freie Ozean eine Wüste, dessen blaues Wasser deutlich die Abwesenheit der grünen Schwebepflanzen verrät.

Während in der Kieler Bucht die Menge der auf einmal im Wasser vorhandenen organischen Stoffe 2,2 g Trockensubstanz je Quadratmeter beträgt, ist die Jahreserzeugung von organischen Stoffen etwa 70 g Trockensubstanz je Quadratmeter. Das zeigt, daß eine Katastrophe, die alles Leben mit einem Schlage vernichtet, nur etwa den dreißigsten Teil der Menge organischer Stoffe liefern würde, die im Wasser ganz normalerweise während eines Jahres lebt und stirbt. Dieses Leben und Sterben dauert jahrein, jahraus, durch Jahrtausende. Und wenn auch in jedem Jahr noch nicht einmal ein Zehntelmillimeter abgelagert wird, wie in der Faulschlammzone des Schwarzen Meeres, so werden doch im Laufe geologischer Zeiten daraus die hunderte Meter feingeschichteten Faulschlammes, an dem wir heute zum Teil sogar noch die Feinschichtung mit ihren Klimarhythmen ablesen können. Nicht ein einmaliges katastrophales Sterben schafft die riesigen Anhäufungen organischer Stoffe, sondern die ungeheuere Vervielfältigungskraft des Lebens im dauernden Sterben und Werden während langer geologischer Zeiten.

Periodisches Massensterben. Wo aber jahraus, jahrein regelmäßig große Lebensproduktion mit Massensterben wechselt, dort bilden sich auch im freien Meer die Verhältnisse, die zur Faulschlammbildung führen; doch ist es nicht eine einmalige Katastrophe, die nur eine dünnste Schicht bilden würde, sondern das immer wiederholte Sterben während geologischer Zeiten.

Im Tiefenwasser des Meeres reichern sich die Nährstoffe an, da der Zerfall niedersinkender Organismen über den Aufbau neuer Organismen stark überwiegt.

Die Richtung der Meeresströmungen weicht von der sie erzeugenden Hauptwindrichtung unter erheblichem Winkel ab. So weht der Wind längs der atlantischen Küste von Südafrika nach Norden, das Oberflächenwasser wird nach Westen abgetrieben. Dadurch quillt Tiefenwasser an der Küste auf, das frische Nährstoffe mit sich führt und ein reiches Plankton-Leben ermöglicht. Dieses stirbt periodisch (jahreszeitlich) durch Klima-Änderung oder Vergiftung (Dinoflagellaten: Rotwasser) ab, und verursacht ein Verschwinden des Sauerstoffs, Schwefelwasserstoffbildung und eine sapropelartige Bodenablagerung. Infolge der jährlich wiederholten Schwefelwasserstoff-Bildung kommt kein Bodenleben auf. Unter solchen Bedingungen, die vielerorts bekannt geworden sind (Brongersma-Sanders, Falke), entstehen also typische Merkmale der Sapropelgebiete, ohne daß notwendigerweise das ganze Jahr Schwefelwasserstoff im freien Wasser nachweisbar ist. Wie in unseren Gyttja-Seen, die jährlich unter dem Luftabschluß der Eisdecke sapropelisieren, findet man auch in den oben geschilderten Ablagerungen Leichenwachs.

Geochemie des Bitumens und seiner Begleiter

Ebenso wie jede andere Flüssigkeit kann auch Erdöl in den Gesteinen der Erdrinde wandern. Der Ort, an dem wir Erdöl heute finden, muß keineswegs der Bildungsort des Erdöls sein; das Erdöl vieler großer Öllagerstätten befindet sich bestimmt nicht mehr an seinem Bildungsort. Wie kann man nun von einem gewanderten Stoff nachweisen, woher er gekommen ist?

Charakteristik der Sedimente durch Spurenelemente. In den Erzen der verschiedenen Lagerstätten-Typen ist die Vergesellschaftung der Elemente verschieden. Bei der Verhüttung bleiben Spuren der Begleit-Elemente als Verunreinigungen im Metall. Diese Verunreinigungen erlauben einen Rückschluß auf den Lagerstätten-Typus, dem das Metall entstammt.

Bei der Untersuchung der Entstehung des Erdöls ergibt sich eine ähnliche Fragestellung. Gase und Flüssigkeiten sind wanderfähig. Die Annahme ortsständiger Entstehung bedarf also ebenso eines Beweises wie die Annahme einer Wanderung. Bei der Annahme einer Wanderung ergibt sich die Frage nach dem Ort der Entstehung.

Arsen, Beryllium und Germanium reichern sich in den Kohlen an. Brom, Jod, Phosphat und Chrom reichern sich in den Gyttjagesteinen an, während Vanadium, Molybdän, Nickel sich in den Sapropelen anreichern und Uran und Kupfer anscheinend eine Übergangszone von Sapropelen und Gyttja bevorzugen. Diese Anreicherungen sind nicht abhängig von der Menge organischer Substanz. Wir finden eine Anreicherung von V, Mo, Cu, U in Sapropeliten mit wenigen Prozent organischer Substanz; im Kukkersit (Algengyttja) mit 50% organischer Substanz sind weder Vanadium noch Nickel oder Uran angereichert.

Stickstoff wird nach der Ablagerung der organischen Substanzen zum Teil abgespalten. Das Gewichtsverhältnis Kohlenstoff zu Stickstoff (Quotient C:N) liegt im fossilen Sapropel meist bei 20—50, in bitumenreicheren Gyttjen bei 70—300. Wo sich aber nur die widerstandsfähigsten organischen Stoffe erhalten, dort liegt das Verhältnis bei 15, weil diese widerstandsfähigen Stoffe stickstoffreich sind (C:N bei Chitin: 6,9; bei Keratin: 3; bei Kollagen: 3).

Das Verhältnis C:N ist daher ein wichtiges Kennzeichen für die Art der Entstehung und Umbildung der organischen Substanz in den verschiedenen Ablagerungstypen. Man kann nicht aus der Menge des Stickstoffes auf die Menge des Kohlenstoffes oder auf die Gesamtmenge organischer Substanz schließen ohne den Ablagerungstypus zu berücksichtigen.

Infolge der mangelnden bakteriellen Zersetzung der widerstandsfähigen Stoffe der Algengyttjen, sowie der Anreicherung der Gerüststoffe in Schlicken und Gyttjen, finden wir in diesen solche Elemente angereichert, die in den Gerüststoffen vorkommen, wie Phosphor, Brom und Jod.

In den Sapropelen wird die ganze organische Substanz intensiv bakteriell umgebildet. Dabei werden Stickstoff und Phosphor abgespalten, die im Wasser über der Ablagerung nachgewiesen werden konnten (Ammoniak, Trimethylamin, Phosphate); ähnliches geschieht in späteren Umbildungsstadien mit Bor, Brom, Jod, die in eine wasserlösliche Form überführt werden, aber zunächst anscheinend wenigstens teilweise im Sediment bleiben.

Wenn sich Erdöl in allen den beliebigen Gesteinen bilden würde, in denen heute geringe Spuren von Kohlenwasserstoffen feststellbar sind, so müßte seine geochemische Zusammensetzung ebenso bunt sein, wie die dieser Ablagerungen. Wir finden aber im Erdöl Stoffe, deren Anreicherung auf gewisse Ablagerungstypen beschränkt ist.

Kennzeichnende Stoffe im Erdöl. In den Erdölen finden wir Anreicherungen von Kupfer, Nickel und Vanadium, und zwar in den schweren (und wahrscheinlich später ausgewanderten) in größerer Menge, so daß die Anreicherung in den Asphalten am stärksten ist: dieselben Elemente finden wir im Sapropel angereichert. Die Metalle wurden vermutlich in schwefelwasserstoffhältigem Wasser von Tontrübe oder organischen Stoffen adsorbiert und abgelagert. Zur normalen Fällung reicht die Konzentration dieser Stoffe im Meerwasser nicht aus.

In den mineralischen Ablagerungen durchlüfteten Wassers und in der sauerstoffhaltigen Oberflächenschicht der Gyttjen werden die leicht zersetzlichen Stoffe, besonders Eiweiß, aber auch Cellulose usw. zerstört. Es ist also nicht einfach so, daß in den Kohlen, Algen-Gyttjen und Sapropelen *mehr*, in den mineralischen Ablagerungen *weniger* organische Substanz vorhanden wäre, sondern die *Natur* der erhaltenen organischen Substanzen ist ganz verschieden.

Das Erdöl enthält an leichter zerstörbaren Stoffen z. B. Cholesterin, Zucker, Porphyrine u. a. In den Sedimenten finden wir diese Stoffe im Faulschlamm und in Gyttjen, besonders Algengyttjen und Sporen- bzw. Pollengyttjen.

Die Porphyrine des Erdöls sind zum Teil Abkömmlinge des Blattgrüns oder Chlorophylls, zum Teil des roten Blutfarbstoffes Hämin. Den Ablagerungen durchlüfteten Wassers fehlen Porphyrine. Allen Sumpfablagerungen, den Torfen und den daraus entstandenen Humuskohlen fehlen die im Erdöl angereicherten Stoffe ebenfalls, da sie in den ersten Stadien der Torfbildung durch Sauerstoff zerstört werden; dagegen finden sich dort zwei andere

Abkömmlinge des Hämin, die wieder dem Erdöl fehlen. Außer im Erdöl finden sich die zuerst genannten Porphyrine auch im Sapropel, den Algengyttjen (Bogheads) und Sporengyttjen (Cannelkohlen).

Da zwischen Erdöl und Sapropelen eine Gemeinsamkeit vieler Stoffe nachweisbar ist, während sich Erdöl und andere Ablagerungstypen in den Spurenstoffen deutlich unterscheiden, ist die Zurechnung des Erdöls zu den Sapropeliten gegeben.

Die Art der Veränderung von Chlorophyll und Hämin im Erdöl (Decarboxylierung) weist auf Mitwirkung etwas höherer Temperaturen bei der Erdölbildung hin (falls diese Veränderung nicht auf bakterielle Zersetzung zurückgeführt werden kann). Da aber empfindliche Stoffe (Porphyrinkarbonsäuren) im Erdöl erhalten geblieben sind, kann die Temperatur nicht über 250°, wahrscheinlich nicht über 200°, gestiegen sein. Aus der Dicke der über den Muttergesteinen lagernden Schichten und der Zunahme der Wärme mit der Tiefe kann die Wärme des Bildungsraumes des rumänischen Erdöls auf etwa 160° geschätzt werden; und zwischen 100° und 200° dürfen wir wohl ganz allgemein die Bildungstemperatur des Erdöls suchen, die Drucke bei 500 bis 2000 kg/cm^2.

Das Erdöl enthält häufig mechanische Verunreinigungen, wie Vogelfedern, Pflanzensamen usw. Reste von *Dipterocarpus*-Samen in einem burmesischen Erdöl wurden als Beweis dafür angesehen, daß das Öl aus *Dipterocarpus*-Früchten entsteht, da man in Burma aus diesen Früchten Öl macht. — Wichtiger ist, daß das Öl auf seiner Wanderung in den Sanden leichte Mikrofossilien, wie z. B. Sporen, aufnimmt, so daß aus diesen Sporen unter Umständen der Wanderweg des Öls erschlossen werden kann.

Es gibt Faulschlamme sowohl im Süßwasser wie im Salzwasser. Chlorophyllgehalt und Metallgehalt zeigen da keinen Unterschied. Auch die anderen Stoffe des Erdöls gestatten uns heute noch keinen direkten Schluß auf Süß- oder Salzwasserablagerung. Aber zusammen mit dem Erdöl finden sich sehr charakteristische Salzwasser, die einen solchen Schluß ermöglichen.

Begleitwasser des Erdöls. In den meisten Erdöllagerstätten treten zusammen mit dem Erdöl Salzwasser auf, die „*Ölwasser*". Natürlich vermischen sich diese Wasser leicht mit anderen Wassern in den Erdschichten. Ölwasser sind am ehesten in jüngeren Erdschichten unverändert erhalten. Auch können wir unveränderte Wasser nur dort erwarten, wo die wasserführenden Schichten die

Erdoberfläche nicht erreichen; denn sonst dringt in die Schichten Regenwasser, Grundwasser, Flußwasser usw. ein und vermischt sich mit dem ursprünglichen Wasser der Schichten.

Während die gewöhnlichen Oberflächenwasser wenig konzentriert sind und unter den Säuren hauptsächlich Kohlensäure und Schwefelsäure enthalten, sind die typischen Erdölwasser oft stärker konzentriert und enthalten vorwiegend Chloride. Je älter die Lagerstätten sind, um so tiefer reicht der Einfluß der Oberfläche, um so tiefer liegen die typischen Lagerstättenwasser, wenn sie überhaupt noch einigermaßen unverändert vorhanden sind. Der wesentliche Unterschied zwischen den beiden Wassertypen besteht darin, daß in den Oberflächenwassern mehr Alkalien (Natrium, Kalium) enthalten sind, als durch die vorhandenen Halogensäuren (die Wasserstoffsäuren von Chlor, Brom, Jod) abgesättigt werden können, während in den typischen Ölwassern mehr Erdalkalien (Calcium, Magnesium) enthalten sind, als durch die vorhandenen Sauerstoffsäuren (Kohlensäure, Schwefelsäure, Salpetersäure) abgesättigt werden können.

Wo wir solche Erdölbegleitwässer in jungen Ablagerungen und in gut geschützten tiefliegenden Schichten finden, dort besteht ihr Lösungsgehalt vorwiegend aus Kochsalz, daneben enthalten sie oft größere Mengen Jod, Brom, Bor; ja auch Kalium kommt gelegentlich in größeren Mengen vor — auch in Gegenden, in denen Kalisalze völlig fehlen, wie z. B. Rumänien.

Man hat früher annehmen wollen, daß diese Wasser in den Schichten schon seit ihrer Ablagerung enthalten seien. Das stimmt aber sicher nicht; denn solche Wasser mit hohem Salzgehalt kommen in allen ölführenden Schichten vor, gleichgültig ob diese Schichten in Meerwasser oder Süßwasser abgelagert wurden. In Kalifornien sind solche Salzwasser aus Schichten bekannt, die im Süßwasser abgelagert wurden und seit ihrer Bildung niemals unter das Niveau des Meeresspiegels versenkt waren (ROGERS). In Rumänien finden wir solche Salzwasser in Meeresablagerungen, in Brackwasserablagerungen jeden Salzgehaltes, in Ablagerungen von Wassern von der eigentümlichen Zusammensetzung des Kaspiwassers, und in Süßwassersedimenten. Die Beschaffenheit und Konzentration des ehemaligen Salzgehaltes im Ablagerungsraum sind an den Lebewesen deutlich abzulesen, aber das heute vorhandene Wasser ist grundsätzlich dasselbe in allen diesen verschiedenen Ablagerungen. Wohl schwankt seine Zusammensetzung stark, aber die Grenzen dieser Schwankungen sind überall dieselben.

Innere Austrocknung. Das ursprünglich in den Ablagerungen eingeschlossene Wasser geht bald verloren, es wird offenbar aus Tonen zum großen Teil ausgepreßt, Reste z. T. bei Mineralumbildungen und Mineralneubildungen verbraucht. Der Salzgehalt bleibt dabei im Gestein.

Im tieferen Teil des Schachtes I Bucea bei Câmpina, Rumänien, waren die Tone des Pliocän so trocken, daß sie an der Zunge klebten; staubfeine Sande auf Schichtflächen konnten weggeblasen werden; in einer Oolith-Lage waren die großen Poren leer, d. h. mit Luft gefüllt; von einem salzwasserführenden Sand aus war der Ton auf ½ m feucht, aber auf 2 m salzig und dabei trocken. Ältere Gesteine allerdings sind „bergfeucht“, weil die Aufnahmefähigkeit der Minerale allmählich erschöpft wird; aber PETRASCHECK & WILSER fanden an bergfeuchten Gesteinen, daß sie weniger Wasser enthielten, als in den Poren Platz gehabt hätte. — Solche Verhältnisse kann man allerdings nur in Bergwerken erkennen, denn in den Bohrungen steht Wasser, und die Bohrproben sind daher naß. Vielleicht werden uns die modernen Bohrungen, die Luft statt Spülung verwenden, weiterbringen.

Den Vorgang der Wasseraufnahme in jungen Ablagerungen habe ich „*innere Austrocknung*“ genannt. Ein Teil des Salzgehaltes bleibt dabei im Sediment und bedingt in feuchten Lagen die elektrische Leitfähigkeit der Ablagerung. Diese elektrische Leitfähigkeit kann gemessen werden und ergibt sehr charakteristische Unterschiede zwischen Ablagerungen aus Wassern verschiedenen Salzgehaltes; diese Leitfähigkeitsmessungen werden in der Bohrpraxis viel benutzt, um die Lage gleicher Schichten in verschiedenen Bohrungen festzustellen (Schlumbergers „elektrisches Kernen“).

Das Begleitwasser des Erdöls ist kein miteingeschlossenes Wasser des Ablagerungsraumes, sondern ein eingewandertes Nebenprodukt der Erdölbildung, evtl. vermischt mit Oberflächenwasser.

Biophile Leitelemente im Ölwasser. Der Salzgehalt dieser Wasser ist nur auffällig, wo wir sie in Süßwasser-Ablagerungen finden. Bedeutsamer ist der Gehalt der typischen Begleitwasser an Jod, Brom und Bor. Denn Jod z. B. findet sich nicht nur im Süßwasser, sondern auch im Meerwasser, nur in geringen Spuren: im Süßwasser etwa 0,3 bis 5 millionstel Gramm, im Meerwasser etwa 50 millionstel Gramm auf 1000 g Wasser. Dagegen haben Salzwasser der Ölfelder oft das Tausendfache, 50000 und mehr millionstel Gramm Jod in 1000 g Wasser. Jod, Brom, Bor und Kali werden von meerischen Pflanzen aufgespeichert. Besonders Bor ist ein Leitelement meerischer Ablagerungen (LANDERGREN).

Man könnte nun annehmen, daß das Erdöl, als es in den Schichten einwanderte, diese Stoffe an das in den Schichten vorhandene Wasser abgab. Wenn wir aber Erdöl mit destilliertem Wasser durch lange Zeit intensiv vermischen, so gehen keine nennenswerten Mengen von Salzen in Lösung.

Entstehung der Begleitwasser des Erdöls. Es bleibt nur eine einleuchtende Erklärung übrig: Diese Stoffe stammen unmittelbar aus den Tieren und Pflanzen selbst.

Alle Lebewesen bestehen zum größten Teil aus Wasser: der Mensch zu etwa $^2/_3$, Fische zu $^3/_4$ bis $^4/_5$, Wasserpflanzen zu 80 bis 90%, Schwebewesen bis zu mehr als 99%. Die getrocknete organische Substanz enthält viel Sauerstoff, Plankton etwa 30%. Dieser Sauerstoffgehalt verschwindet bei der Umbildung, d. h. die organischen Stoffe spalten sauerstoffhaltige Verbindungen, darunter auch Wasser ab. Das ursprünglich in den Organismen enthaltene Wasser, ebenso wie das bei den Umbildungen gebildete, muß sich nun mit allen löslichen Bestandteilen der Faulschlamme beladen; also mit den Salzen (Kochsalz, Kalisalz), die in den Tieren und Pflanzen vorhanden waren, und mit solchen Stoffen, die erst bei der Zersetzung frei werden, wie wir das vom Jod und Brom erwähnten, und zum Teil auch mit Stoffen, die die Tonteilchen aus dem Meerwasser an sich gezogen haben.

Zur Bildung dieser Wasser ist es nötig, daß die organische Substanz bis zur endgültigen Einschließung im Sediment erhalten bleibt, und daß sie durch Bakterientätigkeit aufgeschlossen wird. Wo ersteres nicht der Fall ist, oder die Aufspaltung des betreffenden Gewebes vor der Einbettung erfolgt, entschwindet der abgespaltene Stoff in das freie Meerwasser, wie wir dies vom Phosphor über Faulschlammen schilderten. Wo die Zerstörung der Gewebe durch Bakterien fehlt, wie in den Algen-Gyttjen, bleiben die Stoffe (z. B. Phosphor und Brom) in der organischen Substanz erhalten. Wo die organische Substanz aber nach der Einbettung noch bakteriell umgebildet wird, dort entstehen die typischen Erdölwasser auch dann, wenn die Menge der organischen Substanz nur zur Bildung kleiner Erdöl- oder Erdgas-Lagerstätten ausreicht, wie am Alpenrand in Bayern und Ober-Österreich. Solches Wasser kann dann ebenso wie das Öl wandern, und da es leichter beweglich ist als Öl, vermag es dem Öl voranzueilen. Wir finden daher solche Wasser in Erdöllagerstätten manchmal über oder zwischen den ölführenden Schichten, ebenso, wie in den erdölführenden Schichten selbst.

Die chemische Beschaffenheit dieser Begleitwasser des Erdöls weist auf ihre Abstammung aus dem Meere; denn nur in den Lebewesen des Meeres, nicht aber in Lebewesen des Süßwassers, finden wir die Anreicherung von Jod, Brom und Bor, die für die Erdölbegleitwasser kennzeichnend ist.

Das Erdöl ist durch seine chemische Zusammensetzung als Faulschlammprodukt gekennzeichnet; die Begleitwasser des Erdöls sind durch ihre chemische Zusammensetzung als Meeresprodukt gekennzeichnet; das *Erdöl samt seinem Nebenprodukte, dem Begleitwasser, ist also ein Erzeugnis aus meerischem Faulschlamm.*

Ausgangsstoffe der Erdölbildung

Aus welchen Stoffen entsteht nun das Erdöl? Diese Frage können wir nur in den gröbsten Zügen beantworten. Die organischen Bestandteile der meerischen Lebewesen bestehen zum größten Teil aus Eiweißstoffen und Kohlenhydraten, dazu kommen mehrere Prozente Fett; bei den Tieren und den Schwebealgen ist der Eiweißgehalt und Fett- bzw. Ölgehalt etwas größer als bei den bodenfesten meerischen Pflanzen. Für die Schwebewelt, welche die organischen Stoffe der Faulschlamme liefert, können wir etwa mit 45% Eiweiß, 45% Kohlenhydraten und 5—10% Fetten rechnen. Im Erdöl bzw. Bitumen finden wir nun Fettsäuren, Eiweißstoffe und Kohlenhydrate und können also annehmen, daß alle diese drei Gruppen von organischen Stoffen auch an der Erdölbildung beteiligt sind.

Die Fette sind dabei offenbar am wenigsten wichtig, was auch daraus hervorgeht, daß sie in den heutigen Meeresablagerungen nur 1% der organischen Substanz darstellen; allerdings bezieht sich diese Angabe vorwiegend auf Frischwasserablagerungen, aber gerade hier sollten wir wegen der Widerstandsfähigkeit der Fettsäuren erwarten, daß sie sich verhältnismäßig anreichern, während die leicht zersetzlichen Eiweißstoffe und Kohlenhydrate rascher verschwinden. Aber wir müssen berücksichtigen, daß Fette und Öl oft als Tröpfchen in den Lebewesen vorkommen und daß diese Stoffe auf dem Wasser schwimmen, ferner, daß manche Fettsäureverbindungen (Seifen) im Wasser löslich sind. Man kennt sowohl vom Meer wie vom Süßwasser Schaumstreifen, die aus fettartigen Stoffen bestehen.

Dies sei deswegen hervorgehoben, weil man früher den Fetten die Hauptrolle bei der Erdölbildung zuschreiben wollte. Manche

Erdöle lassen sich nämlich theoretisch und laboratoriumsmäßig von Fetten ableiten. Aber die Natur geht durchaus nicht immer den Weg, den wir am leichtesten verstehen und im Labor nachmachen können. Es besteht kein sachlicher Grund, die Fette den anderen Stoffen vorzuziehen. Wir können vorläufig ruhig annehmen, daß die Eiweißstoffe, Kohlenhydrate, Fette, an der Erdölbildung etwa im selben Verhältnis beteiligt sind, wie an der Zusammensetzung der Lebewesen.

Wenn zur Ablagerung von 1 cm Sediment 100 Jahre nötig sind, wie etwa im Schwarzen Meer, so stellt ein solches Sediment eine Mittelung aller jahreszeitlichen und sonstwie periodischen oder episodischen Schwankungen der Ablagerung dar. Die Annahme, daß verschiedene Öle von verschiedenem Ausgangsmaterial herrühren, ist daher grundlos. Aus heterogenem Anfangsmaterial entsteht — die Verhältnisse größerer Lagerstätten vorausgesetzt — ein einheitliches Produkt.

Von welchen Lebewesen stammt das Erdöl?

Schalenablagerungen und Riffe. Immer wieder werden Ablagerungen, die reich sind an den Hartteilen der Skelette von Lebewesen, als Muttergesteine des Erdöls bezeichnet. Der Muschelkalk, die Knochenablagerungen, ja jeder alte Friedhof sollte hinreichen um die Unhaltbarkeit dieser Auffassung zu demonstrieren. Meist sind die Hartskelette ohne Weichteile abgelagert (Abb. 22) oder haben die Weichteile bald verloren (Abb. 21).

Die bodenständigen Tiere und Pflanzen leben am dichtesten im sauerstoffhaltigen Wasser, in denen alle organische Substanz nach dem Tode sofort verwest. Ein totes Korallenriff, ganz aus Skeletten von Tieren und Pflanzen bestehend, ist praktisch frei von organischer Substanz; das Riff ist nur ein Gerüst, durch das das sauerstoffhaltige Meerwasser bei jeder Welle auf und ab steigt (Abb. 21). Die Bohrungen auf heutigen Korallenriffen treffen Kalk, der höchstens geringste Spuren von organischer Substanz enthält. Die Algenriffe des Wiener Leitha-Kalks enthalten 0,03 bis 0,05 % organische Substanz (Kieslinger).

Die Schwebewesen, die nach ihrem Tode in sauerstoffhaltigem Wasser untersinken, verlieren dabei oft ihre ganzen organischen

Stoffe durch Verwesung, und was am Boden ankommt, sind nur die leeren Gehäuse oder Skelette. Das ist in heutigen Seen und im Meere vielfach beobachtet worden. Die weiße Schreibkreide z. B. besteht aus den Resten solcher Schwebewesen; schon ihre weiße Farbe zeigt, daß sie keine organischen Stoffe enthält. Auch die tertiären Ablagerungen von Kieselalgen-Skeletten sind, wenn sie nicht mit Ton vermengt sind, meist weiß und frei von organischen Stoffen. Aus der Eiszeit und aus der Jetztzeit kennen wir zwar Kieselalgen-Ablagerungen mit den Weichkörpern, die organischen Stoffe verschwinden aber, sobald diese Kieselablagerungen in den Bereich der Verwitterung kommen. Das sperrige Gerüst der Kieselalgen erlaubt offenbar den sauerstoffhaltigen Wassern oder der Luft den Durchgang durchs Gestein. Wo aber Kieselalgen-Ablagerungen mit Ton vermengt sind, dort sind die Ablagerungen oft schwarz von organischen Stoffen (z. B. im tiefen Teil der kalifornischen Monterey-Schiefer). — Wenn wir in einer schwarzbituminösen Faulschlammablagerung Gehäuse finden, die mit klarem Kalkspat ausgefüllt sind, so können diese Gehäuse nur leer eingeschwemmt worden sein, und später erst aus kalkahltigen Lösungen ihren reinen Kalkspat erhalten haben.

Das Gestein, welches das abgelagerte Gehäuse eines Tieres, z. B. einer versteinerten Schnecke, erfullt, enthält meist nicht *mehr* an organischen Stoffen als das Gestein außerhalb des Gehäuses. Selbst an den Fischskeletten in Faulschlammgesteinen finden wir keine Weichteile mehr, und das Gestein ihrer Umgebung enthält nicht *mehr* organische Stoffe als weiter entfernte Gesteinsteile. — Auch wo an der Gehäusewand Kalk, Kieselstoff oder Schwefelkies auskristallisierte, muß das Gehäuse leer abgelagert oder die organischen Stoffe rasch verwest sein.

Bitumen in Skeletthohlräumen. Erdöl oder Asphalt, welche die Hohlräume in Gehäusen versteinerter Tiere oder Pflanzen erfüllen, können nicht an diesem Ort entstanden sein, denn es ist viel zu viel. Erstens erfüllen die organischen Stoffe ein Gehäuse nicht vollständig, sondern Teile des Hohlraums werden von Wasser oder Gas eingenommen; zweitens bestehen die Lebewesen selbst zum größten Teil aus Wasser, und mehr als die Hälfte der organischen Stoffe verschwindet noch bei der Umbildung, da ja die stickstoff-, sauerstoff- und schwefelhaltigen Verbindungen abfallen. Aus den organischen Stoffen eines Tieres oder einer Pflanze könnte also nur so viel Bitumen entstehen, als etwa für eine dünne Haut an der Wand der Gehäuse ausreichen würde.

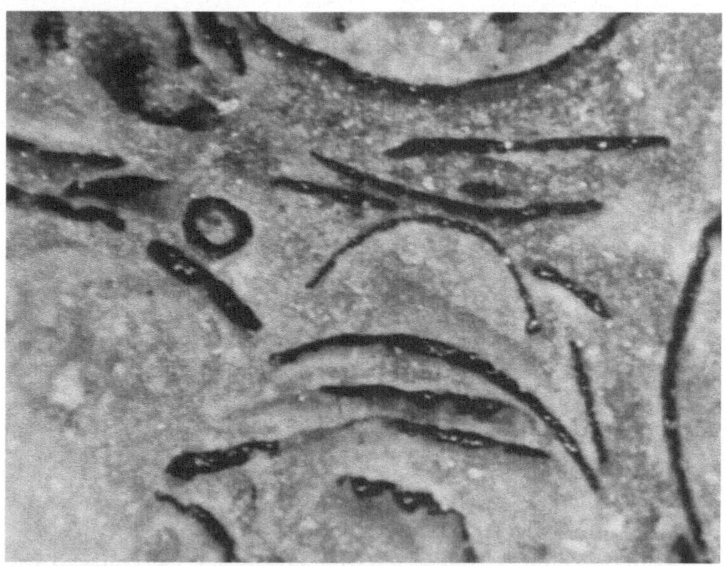

Abb. 26. Unterpliocäner (mäotischer) Kalk aus Rumänien. Schliffläche mit Querschnitten von Hohlräumen nach Schalen der Wandermuschel *Dreissena*. Der Platz der Schalen ist heute zum Teil erfüllt von klarem Kalkspat (grau), größtenteils aber von Asphalt (schwarz). Der weiße Kalk ist bitumenfrei. — Die Schalen waren bei ihrer Einbettung frei von organischen Stoffen. Sie wurden beidseitig von Kalkschlamm fest umschlossen und abgeformt. Der Kalkschlamm erhärtete. Die aus Aragonit bestehende Schale wurde aufgelöst, ein scharfgeformter Hohlraum blieb zurück. Im Gestein sich bewegende Lösungen schieden an einigen Stellen klaren Kalkspat in den Schalenhohlräumen aus. Ganz zuletzt erst wanderte Erdöl ein, erfüllte die Hohlräume und bildete sich zu Asphalt um. Ultropak. Vergr. 30mal. Aus: Archiv für Lagerstättenforschung, Heft **62**, Berlin 1936.

Häufiger ist der Fall, daß sich Erdöl oder Asphalt an der Stelle aufgelöster Schalen findet. In diesem Falle ist natürlich eine Ableitung des Erdöls oder Asphalts von dem Weichkörper der Schalenträger ganz unmöglich. Der wirkliche Vorgang verlief so: Zuerst wurden die Schalen beiderseits vollständig in Gestein eingebettet, dabei schon muß der Weichkörper des Schalenträgers gefehlt haben; dann muß das Gestein erhärtet sein; dann wurde die Schale gelöst; und dann erst kann der Hohlraum vom Erdöl oder Asphalt erfüllt worden sein (Abb. 26).

In Riffen findet man oft, daß die natürlichen (meist durch Lösung veränderten) Hohlräume teilweise mit Calcit oder Dolo-

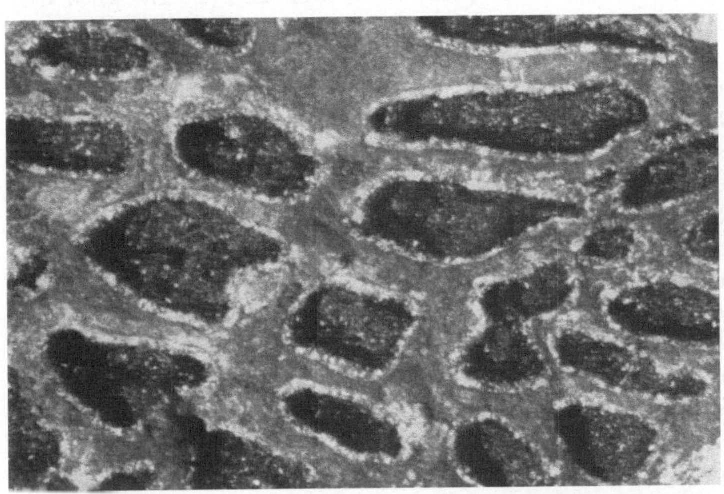

Abb. 27. Korallenstock im Mergelkalk der Abadia-Schichten (Oberjura). P. T. Gaio SE von Torres Vedras, Portugal. Vergr. 3mal. In der grauen Grundmasse liegen große Hohlräume (vugs) nach den Korallen-Ästen, gesäumt von klarem Kalkspat, gefüllt mit schwarzem Asphalt. Leica-Gerät 1:1.

mit erfüllt sind und erst der übrigbleibende Hohlraum das Erdöl enthält (Abb. 27). Der Durchmesser der Hohlräume beträgt im Fall unserer Abb. 27 meist 3—6 mm, die Dicke der Calcit-Lage 0,1—1 mm. Unter der Annahme, daß der Hohlraum von einer mit Kohlendioxyd und Kalk gesättigten Lösung eingenommen war, und daß jedesmal der gesamte Kalk zur Abscheidung gelangte, ist eine hundert- bis tausendmalige Füllung des Hohlraums nötig, um die gefundene Kalkmenge zu liefern. Da die Annahme einer jedesmaligen vollständigen Kalkabgabe nicht zutrifft, muß also der Hohlraum von größeren Wassermengen durchströmt sein, ehe die Calcit-Lage geformt war. Der Calcit ist weiß, nicht durch Bitumen gefärbt; da Calcit vorhandene Unreinigkeiten aufnimmt, dürfen wir annehmen, daß bei seiner Bildung kein Bitumen vorhanden war. Dieses ist erst später in die fertigen mit Calcit ausgekleideten Hohlräume eingewandert, wie wir es auch oft im Innersten von mit Calcit tapezierten Klüften finden.

Die Erdölbildner sind heute unkenntlich. Zwischen dem Bitumengehalt und dem Vorkommen erkennbarer Versteinerungen besteht kein Zusammenhang. Im Faulschlamm sind infolge der bakteriellen Zersetzung weitaus die meisten Bitumenbildner in ihrer organischen Form völlig zerstört; nur ihre Substanz, umgebildet durch die Bakterien, ist erhalten geblieben.

Die Hauptlieferanten der Erdölstoffe sind Schweber und Schwimmer, wie wir aus den Bildungsbedingungen der Faulschlamme schließen können. Es sind großenteils Nacktformen oder Formen mit leicht zerstörbaren organischen Skeletten, daneben aber sicher auch Lebewesen mit Hartskeletten aus Kalk oder Kieselstoff. Nicht nur die Nacktformen und die Formen mit organischen Skeletten werden durch die Zersetzung im Faulschlamm unkenntlich, sondern auch die zarten Kalk- und Kieselschalen verfallen leicht der Auflösung, so daß wir über die Art der Erdölbildner meist nichts aussagen können.

Unter den Pflanzen sind es nicht die hochentwickelten Besiedler des Festlandes und die auf seichte Küstenzonen beschränkten Besiedler des Meeresbodens; unter den Tieren nicht die Wirbeltiere, welche als Ausgangsmaterial für die Erdölbildung in Frage kommen; nur ganz untergeordnet mögen sie hier und da beitragen.

Pflanzen oder Tiere? Das Verhältnis von pflanzlichen zu tierischen Stoffen im Ausgangsmaterial der Erdölbildung ist schwer abzuschätzen, zumal ein Großteil der in Frage kommenden Lebewesen, die Flagellaten, zeitweise als Tiere (organische Nahrung fressend, farblos), zeitweise als Pflanzen (chlorophyllbildend und sich von Anorganischem ernährend) leben können. Es ist kein Mittel ersichtlich, durch das die aus Pflanzen und Tieren zusammengesetzte Schwebewelt bei der Ablagerung in freier Natur nach unserer biologischen Klassifizierung auseinandergelegt werden könnte.

Im Erdöl und in den bituminösen Sedimenten überwiegen die Chlorophyllabkömmlinge bei weitem über die Hämin-Abkömmlinge (95 : 5). Dieses Verhältnis zeigt aber nicht das ursprüngliche Beteiligungsverhältnis von Pflanzen und Tieren an der Erdöl-, bzw. Sedimentbildung. Viele niedere Tiere haben kein rotes Blut. Das häminhaltige Cytochrom kommt bei Tieren und Pflanzen vor, bei Bakterien zusammen mit Bakteriochlorophyll, bei höheren Pflanzen neben gewöhnlichem Blattgrün. Eine Entwicklung des Chlorophyll a über Bakteriochlorophyll aus Hämin wird für möglich gehalten. Aus Cytochrom können durch Hydrierung Chlorophyll-Verwandte gewonnen werden; Hydrierung ist der wesentlichste zum Erdöl führende Vorgang.

Cytochrom kommt neben Bakteriochlorophyll in den Purpurbakterien vor. Im Wasser mancher Erdöllagerstätten sind an der Berührungsfläche von Erdöl und Wasser Purpurbakterien so stark angereichert, daß die Wasser dadurch rosa gefärbt sein können.

Für den Gehalt der Bitumina an Porphyrinen (Abkömmlingen des Blattgrün und Blutrot) ist in erster Linie die Zusammensetzung der Bakterien, weniger die des Ausgangsmaterials maßgebend.

Entstehung und Umbildung des Erdöls. Die Ausgangsstoffe der Erdölbildung sind Eiweißstoffe, Kohlenhydrate und Fette. Was geschieht nun mit diesen Stoffen?

Zunächst werden sie im Faulschlamm durch Spaltpilze (Bakterien) zersetzt, die zu ihrem Leben keinen freien (im Wasser gelösten) Sauerstoff brauchen, ja auf die solcher freier Sauerstoff sogar giftig wirkt. Auch an den weiteren Umsetzungen dürften Bakterien beteiligt sein; denn man hat in ölführenden Gesteinen und im Begleitwasser des Erdöls Bakterien gefunden.

Urbitumen. Bei der bakteriellen Zersetzung werden die organischen Stoffe von ihren widerstandsfähigen Hüllen befreit, die komplizierten Verbindungen werden in einfache Teilstücke gespalten, usw. So entsteht ein Gemisch verschiedener Stoffe aus verschiedenen Lebewesen. Diese Stoffe stehen nun nicht mehr miteinander in einem ungefähren Gleichgewicht, oder sind durch wenig durchlässige Membranen getrennt, wie in den Lebewesen; sie werden daher miteinander einerseits Verbindungen eingehen, andererseits Verbindungen zerstören. Dabei und durch die Tätigkeit der Bakterien muß schließlich ein einigermaßen ausgeglichenes Gemisch entstehen, das wir „*Urbitumen*“ nennen. Nun sind aber in der Ablagerung auch noch mineralische Stoffe vorhanden. Diese werden zum Teil mit organischen Säuren Salze bilden, z. B. Kalke mit Fettsäuren (Leichenwachse), usw. Andererseits aber lagern die Tone organische Stoffe an ihren Oberflächen („Adsorption“). Adsorbiert werden zunächst solche Stoffe (polare Moleküle), die chemischer Reaktion leicht zugänglich sind; denn diese Anlagerung ist ein sowohl chemischer wie physikalischer Vorgang. Frei bleiben am ehesten chemisch träge Stoffe, das sind unter den organischen Stoffen in erster Linie die Alkane. Die angelagerten Stoffe erweisen sich in fossilen Sedimenten als angereichert an Kohlenstoff, verarmt an Wasserstoff. Es ist also Disproportionierung eingetreten, d. h. der angelagerte Teil des Bitumens hat Wasserstoff abgegeben, der andere Teil Wasserstoff aufgenommen und ist dabei zu Erdöl und/oder Erdgas geworden.

Etwas Ähnliches tritt bei den Spaltverfahren der modernen Erdölverarbeitung ein, wo bei starker Erhitzung ein Teil des behandelten Bitumens zu Benzin, der andere zu schwerem Heiz- und Schmieröl — oder in den Extremen sogar der eine Teil zu Gas, der andere zu Koks — wird.

Alkane. Die wasserstoffaufnehmenden Stoffe werden schließlich zu Alkanen, den wasserstoffreichsten Kohlenwasserstoffen, den Hauptbestandteilen der Erdgase und der primitiven Erdöle.

Die Alkane bestehen (siehe S. 115) aus kettenartig aneinandergereihten Kohlenstoffatomen (C), deren jedes normalerweise 2 Wasserstoffatome (H) trägt; nur die endständigen C tragen je 3 H (C kann 4 Bindungen aufnehmen; die mittleren C haben je 2 Bindungen durch die benachbarten C abgesättigt). Wenn die Kohlenstoffatome einfach hintereinander folgen (C—C—C—C—) so spricht man von geraden Ketten, obzwar die Stellung tatsächlich winklig /\/\/ ist, mit einem Winkel von 111^0 für die Kette von 3 C (Propan). Es können aber auch von einem C Bindungen zu mehr als 2 benachbarten gehen; man spricht dann von verzweigten Ketten (Isoparaffinen).

Paraffinöle. Das erstgebildete ursprüngliche Erdöl besteht zum größten Teil aus Grenzkohlenwasserstoff (Alkanen); solche Erdöle werden „Paraffin-Öle“ genannt. Dies gilt hauptsächlich für Erdöl, das in Tonen gebildet wird. Später gebildete Öle, Öle in Kalken und die asphaltartigen spärlichen Ausschwitzungen vieler bituminöser Gesteine mögen von Anfang an komplizierte Moleküle enthalten.

Wir finden Paraffinöle in gut geschützten oder erst seit kurzem angeschnittenen Lagerstätten, in welchen keine langdauernde Einwirkung von Wassern der Erdoberfläche mit ihrem Gehalt an Sauerstoff und Sauerstoffsalzen (kohlensaure, schwefelsaure, salpetersaure Salze) stattgefunden hat.

An diesen ursprünglichen Ölen können wir auch die ursprüngliche Filterung bei der Erdölwanderung feststellen; der Paraffingehalt nimmt nach oben ab, die Öle werden nach oben leichter. Zutiefst liegen schwarze Öle, höher braune, grünliche, rötliche und gelbe, zuhöchst wein- bis wasserfarbige Öle (z. B. Câmpeni und Tetzcani in der rumänischen Moldau).

Zusammen mit diesen ursprünglichen Ölen finden wir auch die charakteristischen Begleitwasser mit hohen Salzgehalten an Jod, Brom, Bor und gelegentlich Kali. Der Salzgehalt dieser Wasser wird zum allergrößten Teil von Chloriden gebildet; dabei ist mehr Chlor vorhanden als dem Gehalt an Alkalien (Natrium, Kalium) entspricht, so daß auch Erdalkalien (Calcium, Magnesium) an Chlor gebunden werden müssen, wenn die Lösung eindampft. Von organischen Säuren finden wir nur verhältnismäßig einfache, wie Buttersäure, Valeriansäure, usw.

Naphthene. In Lagerstätten, die seit längerer Zeit mit Oberflächenwassern oder mit Kalk in Verbindung standen, finden wir größere Mengen von *Naphthenen*; die Gase solcher Lagerstätten haben oft höhere Gehalte an Kohlendioxyd, auch im südrumänischen Erdölgebiet, wo vulkanischer Einfluß ausgeschlossen ist. In Lagerstätten, die erst seit geologisch kurzer Zeit mit Oberflächenwassern in Verbindung stehen, findet man größere Mengen von Aromaten. Aromaten entstehen bei größerer Hitze, z. B. bei der Destillation; Erdöle aus Vulkangebieten mit heißen Erdschichten (z. B. Borneo) führen ebenfalls viel Aromaten. In manchen Asphaltöl-Lagerstätten können wir am Kontakt zwischen Erdöl und Randwasser höhere Temperaturen nachweisen. Wir nehmen an, daß die Kohlendioxyd-Bildung und die Temperaturerhöhung mit der Naphthenbildung im Zusammenhang stehen, und daß die erhöhten Temperaturen die Bildung von Aromaten begünstigen; im Laufe der Zeit scheinen dann die Aromaten in gesättigtere Formen überzugehen. Fast nie findet man Mischöle aus Aromaten und Alkanen ohne Naphthene.

Stellt man sich vor, daß die Winkel der Paraffinketten (S. 112) immer nach derselben Richtung abbiegen, so erhält man ein Fünfeck; die beiden endständigen C würden sich aneinander binden und dabei je 1 H abgeben müssen. Die Naphthene bestehen hauptsächlich aus solchen Fünfecken oder Sechsecken. Die Aromaten bestehen auch aus derartigen Sechsecken, in denen jedoch die C in einer festeren Verbindung und daher näher (129 gegen 153 Tausendmillionstel mm) aneinanderstehen. Das Ausmaß der Bindung ist so, als ob jedes C an seinen Nachbarn mit $1^1/_2$ Bindungskräften gebunden wäre, so daß jedes C nur 1 H tragen kann; es fällt also noch mehr Wasserstoff ab.

Ringbildung aus den Ketten der Alkane scheint über Oxydationsprodukte möglich zu sein; der Kohlendioxyd-Gehalt mitvorkommender Gase hätte dann diagnostischen Wert.

Asphaltöle. Erdöle von niedrigem Stockpunkt (unter 0^0), welche einen wesentlichen Gehalt von Naphthenen (neben Aromaten und Grenzkohlenwasserstoffen) haben, nennen wir *Asphaltöle.*

In den ersten Stadien des Zerfalls der Leichen muß die organische Substanz besonders reaktionsfähig, daher auch besonders oxydierbar sein. Darauf mag zurückgehen, daß wir in Kalken so oft Asphalte finden.

Bei der Ringbildung müssen H-reiche Spaltstücke abfallen. Aus diesen müssen sich in erster Linie Grenzkohlenwasserstoffe mit kurzen Ketten, also leichte Moleküle, bilden, da in diesen der H-Gehalt größer ist als bei langen Ketten. Die Spaltstücke werden also in erster Linie Gase und Benzine bilden. Propan ($C_3 H_8$) und Äthylen geben bei 150^0 und 175 bis 335 at 50% Isopentan ($C_5 H_{12}$), 25% Normal-Pentan und 25% Paraffine und Olefine mit 6 bis 8 C —. Auf solche Vorgänge, aber bei niedriger Temperatur, mögen auch jene oberflächennahen Öle zurückzuführen sein, die fast nur aus leichtesten und schwersten Bestandteilen (Benzin und Rückstand) bestehen: z. B. das asphaltöse Öl von Udresti mit 26% Benzin (größtenteils Leichtbenzin) und

63% Rückstand. Olefine sind wegen ihrer starken Umbildungsfähigkeit in den Lagerstätten nicht erhalten.

Aus Asphaltölen stammen auch die klopffestesten der durch Destillation gewonnenen Benzine. Klopffest sind von Naturstoffen in erster Linie Isoparaffine und Aromaten, d. h. Moleküle, deren Kohlenstoff-Atome nicht so leicht zugänglich sind wie die normaler (geradkettiger) Alkane:

```
    H   H   H   H   H   H   H
    |   |   |   |   |   |   |
H — C — C — C — C — C — C — C — H
    |   |   |   |   |   |   |
    H   H   H   H   H   H   H
```

Normal-Heptan, das Heptan des Klopf-Versuchs, Oktanzahl 0

```
           H         H
           |         |
        H—C—H     H—C—H
    H      |         |      H
    |      |         |      |
H — C  —   C  —  C — C   —  C — H
    |      |     |   |      |
    H      H     H   |      H
                     |
                  H—C—H
                     |
                     H
```

Iso-Oktan, das Oktan des Klopf-Versuchs, Oktanzahl 100

```
            H       H
            |       |
    H     H-C-H   H-C-H    H
    |       |       |      |
H — C   —   C   —   C   —  C — H
    |       |       |      |
    H     H-C-H   H-C-H    H
            |       |
            H       H
```

Hexamethyläthan, Oktanzahl 130

Mit den Asphaltölen kommen Wasser vom Oberflächentypus vor, die durch das Vorkommen sauerstoffhaltiger Salze gekennzeichnet sind (sofern solche Wasser nicht etwa infolge der Auslaugung von Salzstöcken hochkonzentrierte Kochsalzlösungen sind). In diesen Wassern sind mehr Alkalien (Natrium, Kalium) vorhanden, als der Menge des vorhandenen Chlors entspricht, so daß sich beim Eindampfen kohlensaure oder schwefelsaure Alkali-Verbindungen bilden. Solche Wasser kommen nicht nur in den obersten Metern der Erdrinde vor. Sie reichen vielmehr in Tiefen von vielen hundert Metern, wobei allerdings mit der Tiefe der Gehalt an Sauerstoffsalzen abnimmt. Dieser Verlust erfolgt besonders rasch, wenn solche Wasser mit Erdöl oder anderem Bitumen in Berührung kommen. In solchen Fällen ist das Öl zu Schweröl oder Erdteer (z. B. im Coalinga-Feld: ROGERS), oder zu Asphalt umgebildet. Die Tatsache, daß bei solcher Berührung von Oberflächenwassern und Erdöl chemische Reaktionen stattfinden, geht auch aus der gelegentlich beobachteten Temperatur-Erhöhung an diesem Kontakt zurück. Auch führen solche Wasser Naphthensäuren, die Begleitgase haben manchmal Kohlendioxyd, so daß auch hierin sich ein oxydierender Einfluß auf das Erdöl geltend macht, während die Sulfate zu Schwefelwasserstoff reduziert werden.

An solchen Kontakten von Wasser und Öl kommen Bakterien oft in großen Mengen vor. Es ist wahrscheinlich, daß durch ihre Tätigkeit die sonst sehr langsamen Umsetzungen wesentlich beschleunigt werden. Es ist nicht notwendig anzunehmen, daß diese Bakterien schon seit der Ablagerung der Schichten in diesen leben. Es wäre unverständlich, wie bei einer Sonderentwicklung während mehrerer hundert Millionen Jahre diese Bakterien noch immer im wesentlichen den Bakterien gleichen sollten, die sich an der Oberfläche weiterentwickelten. Es genügt anzunehmen, daß diese Bakterien mit den Oberflächenwassern in die Schichten einwandern, sich am Kontakt zum Öl besonders reich entfalten, und von dort aus in das Öl eindringen.

In Kalk und Anhydrit liegt Erdöl als schwefelreiches Asphaltöl vor, oder ist zu Erdteer und Asphalt umgebildet. Wir sehen darin einen Einfluß kohlensaurer und schwefelsaurer Lösungen. Natürliche Emulsionen von Erdöl und Salzwasser aus eruptiven Bohrungen von Bibi Eibat (GURWITSCH) und Tzintea (STRAUSS) enthielten naphthensauren Kalk. Sorgfältig durchgeführte Versuche, in Asphaltkalken und anderen bituminösen Gesteinen Kalk- oder Alkali-Salze von Carbonsäuren zu finden, ergaben jedoch keine nachweisbaren Mengen solcher Verbindungen (FABER). Diese Verbindungen mögen eine vorübergehende Rolle spielen; damit stimmt überein, daß wir in manchen Gasen von Asphaltöllagerstätten Kohlendioxyd finden. Naphthenreiche Öle neigen zur Aufnahme von Schwefel unter Asphaltbildung, während paraffinreiche Öle durch Schwefel vorwiegend unter Bildung von Schwefelwasserstoff oxydiert werden und nie so große Mengen Schwefel enthalten wie naphthenische Öle.

Asphaltbildung. Aber auch die Asphaltöle unterliegen weiteren Umbildungen. Sauerstoffsalze oder gelöster Sauerstoff des Wassers, ebenso wie Sauerstoff der Luft, bewirken im Laufe langer Zeiträume Umbildungen der Öle. Bei diesen Umbildungen durch das Wasser und Luft ist die Einführung von Sauerstoff oder Schwefel in die organischen Moleküle nur der Anlaß zu weitgehenden Umwandlungen, nämlich zum Zusammenschluß kleiner Moleküle zu größeren (Polymerisation). Wo Asphaltöle in Klüften oder Ölsanden an die Oberfläche kommen, finden wir (wenn das Öl nicht quellenmäßig ausströmt) nächst der Oberfläche Asphalt, der nach unten zu weicher wird, in Erdteer übergeht, und zutiefst finden wir gelegentlich noch in derselben Schicht oder am unteren Ende der Kluft Erdöl; oder wir finden am Ausgehenden (am Ende der Schicht an der Oberfläche) Erdteer oder schweres Öl, und tiefer in der Schicht leichtere Öle, usw. Die Asphalte bestehen zum größen Teil aus ringförmigen Verbindungen; so finden sich im Asphalt von Trinidad und Selenica $^2/_3$ Ringe und $^1/_3$ Ketten, im Asphalt von Derna ist das Verhältnis etwa 1:1 (GRADER). Da Paraffin in den Naturasphalten nur selten (in Asphaltiten gar nicht) vorkommt, hängen diese Ketten offenbar zum größten Teil oder gänzlich an den Ringen.

Beim Lagern an Luft oder unter der Einwirkung von Schwefelsäure (die auf Halden aus verwittertem Schwefelkies entstcht), wird aus Weichasphalt Hartasphalt; entzieht man einem Asphalt die sauerstoffhaltigen Verbindungen, so wird der Einfluß des Luftsauerstoffes so langsam, daß er noch nach mehreren Jahren unmerklich ist. — Auch Licht wirkt härtend auf Asphalt; hierauf beruht das Asphaltdruckverfahren.

Dichteregel der Öle. Aller Sauerstoffeinfluß geht zunächst von der Oberfläche aus, und auch der Gehalt der Oberflächenwasser an Sauerstoffsalzen nimmt mit der Tiefe ab. Es ist daher verständlich, daß die oberflächennächsten Erdölschichten am stärksten von diesen Einflüssen betroffen werden. Da diese Einflüsse (Molekülzusammenschluß und Ringbildung) eine Zunahme des spezifischen Gewichtes und der Zähigkeit bedeuten, so werden die Erdöle in den Asphaltöllagerstätten gegen die Oberfläche zähflüssiger und schwerer; an der Oberfläche selbst finden wir die zähesten und schwersten Stoffe, das sind Erdteer und Asphalt.

In den Paraffinöllagerstätten ist es (abgesehen von der sehr seltenen Erdwachsbildung) gerade umgekehrt: da finden wir die schwersten, kompliziertesten, zähesten Stoffe in den tiefsten Schichten, und die Öle der höheren Schichten sind um so leichter, heller, flüssiger, je höher wir sie antreffen, bis wir in den höchsten Schichten wein- und wasserfarbige Öle finden, zum Teil geradezu natürliche Benzine, die direkt im Auto verwendet werden können.

In Paraffinöllagerstätten werden die Öle nach oben leichter, in Asphaltöllagerstätten werden die Öle nach oben schwerer (Dichteregel der Öle). Eine wesentliche Ausnahme machen die tiefsten bisher erbohrten Öle: unter 4000 m Tiefe sind die Öle leicht; hier wirkt wohl wirklich die Wärme bereits umbildend. Auch das Bakterienleben hat in dieser Tiefe eine Grenze, da selbst bei so hohen Drucken die Bakterien kaum viel mehr als 90°C ertragen, welche Temperatur bei einer Zunahme von 1° auf 45 m in dieser Tiefe schon überschritten ist.

Von dieser Regel gibt es einige Ausnahmen: wo Paraffinöle verdunsten und verharzen (bei direktem Ausgang zur Oberfläche), nimmt ihr spezifisches Gewicht nach oben zu: Erdwachsbildung; wo Asphaltöle nach vollendeter Umbildung nochmals wandern mußten, dort nimmt ihr spezifisches Gewicht nach oben ab (Filterung). Gasschichten und Kondensat (Naturbenzin) gibt es über beiden Lagerstättentypen.

Einfluß der Erdwärme? Man hat die Anordnung der Asphaltöle auch umgekehrt erklären wollen; die komplizierten, schweren Asphaltöle seien die ursprünglichen Öle, die leichteren, tieferen Asphaltöle und die Paraffinöle seien durch die Einwirkung der Erdwärme aus den dichten Asphaltölen hervorgegangen.

Zu alleroberst finden sich die allerschwersten Verbindungen; diese müßten nach dieser Hypothese die ursprünglichsten sein. Diese schwersten Verbindungen sind aber die Asphalte; in vielen Lagerstätten ist es klar, daß die Asphalte aus von unten gekommenen Ölen entstanden sind: wir kennen an der Oberfläche „Pechseen“, Asphaltdecken usw.; die Asphaltsande werden von Asphaltitgängen durchzogen, von denen aus die Tränkung der Schichten nach den Seiten hin abnimmt, usw. Wir können auch rings um heutige Erdölbrunnen beobachten, wie sich aus ölgetränktem Boden im Laufe vieler Jahre Asphalt bildet. Die fortschreitende Verhärtung des Asphalts unter der Einwirkung der Luft, der Schwefelsäure und des Lichtes haben wir bereits erwähnt. In keinem Lebewesen gibt es jene ringförmigen Verbindungen, welche für die Asphaltöle kennzeichnend sind.

Die Erdwärme nimmt überall in gleicher Weise, wenn auch in verschiedenen Gebieten nicht im selben Maße, mit der Tiefe zu. Nach obiger Annahme müßte daher überall die Dichte der Asphaltöle mit der Tiefe abnehmen. In Gebieten mit gleicher

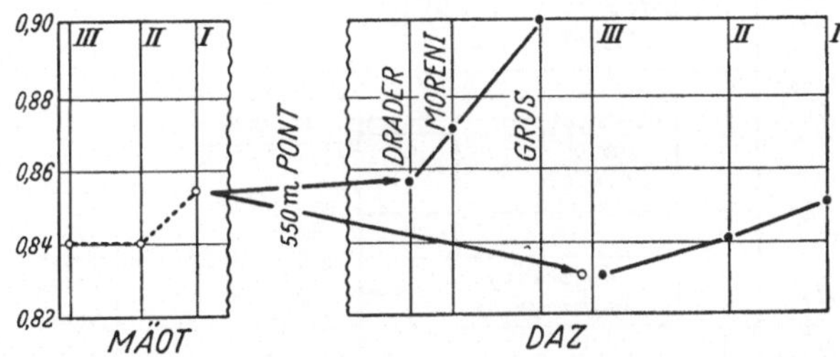

Abb. 28. Ölnachschub im Daz von Moreni. Abszisse: Mächtigkeiten. Ordinate: Spezifische Gewichte. Asphaltöle schwarz, Paraffinöle weiß.

geothermischer Tiefenstufe (d. i. gleicher Wärmezunahme je Tiefeneinheit) müßten in gleichen Tiefen auch gleiche Öle sich finden. Beides stimmt nicht. Wir finden auch über schwereren Asphaltölen gelegentlich leichtere Öle (Panuco, Bartlesville, Moreni). Die entgegengesetzte Dichteregel der Paraffinöle (Câmpeni und Tetzcani in Rumänien; vgl. auch Ventura Avenue in Kalifornien, Abb. 13, S. 24) widerspricht am schärfsten der Erklärung, daß die Temperatur eine Zersetzung schwerer Öle in leichtere herbeiführen soll. Und selbst in Asphaltölen nimmt der Gehalt an schweren Paraffin-Kohlenwasserstoffen von unten nach oben ab.

Es ist natürlich, daß die jungen Schichten im allgemeinen näher an der Oberfläche liegen und daß daher die Mehrzahl der Öle aus jüngeren Schichten die Kennzeichen oberflächennaher Öle trägt. Es ist also kein Argument, etwa zu sagen, 99% aller Öle aus jungen Schichten sind Asphaltöle, 96% aller Öle aus älteren Schichten sind Paraffinöle; sondern es handelt sich darum, wie die Öle in alten Schichten aussehen, wo diese hochliegen und eine Erklärung für die Paraffinöle in jungen Schichten zu geben.

Beweisend ist wohl der Fall von Moreni (Abb. 28). Über tiefliegenden Paraffinölen folgen 550 m Tone, darüber zwei Ölserien, die beide zuunterst mit leichten Ölen beginnen, über denen schwerere folgen. Getrennt werden

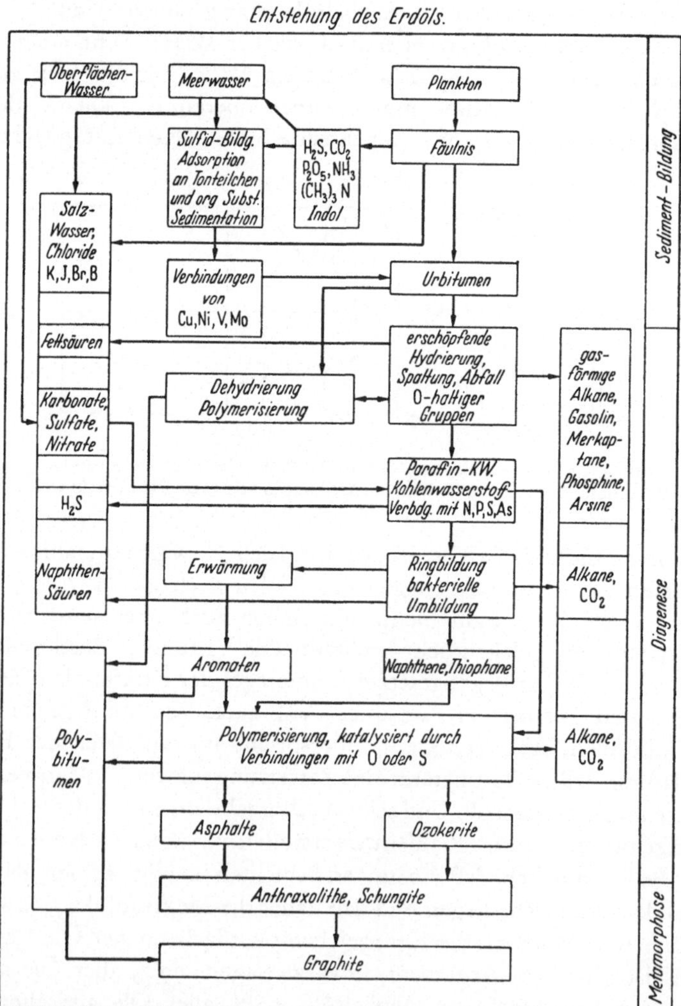

Entstehung des Erdöls.

diese beiden Serien durch eine alte Landoberfläche, von der aus die tiefere Serie umgebildet wurde, während die obere Serie von der heutigen Oberfläche aus, durch kürzere Zeit und daher weniger intensiv umgebildet ist. Eine solche

Aufeinanderfolge kann unmöglich durch die Wirkung der nach unten stetig zunehmenden Erdwärme erklärt werden.

In vielen jüngeren Lagerstätten liegen Paraffinöle in tiefen, darüber Asphaltöle in höheren Schichten: Die Asphaltöle sind eine „Hutbildung“ über Paraffinölen. In älteren Lagerstätten kann die Umbildung auch die tiefsten Schichten erreicht haben.

Gegen die Annahme, daß Paraffin- und Asphaltöle Produkte verschiedenen Klimas seien, ist einzuwenden, daß in denselben Schichten benachbarter Ölfelder, ja in verschiedenen Teilen derselben geologischen Bauform, hier Paraffinöle, dort Asphaltöle auftreten. Gegen die Annahme, daß das Ausgangsmaterial (etwa Land- oder Meerespflanzen usw.) den Charakter der Öle vorbestimme, ist einzuwenden, daß Asphalt-Sande schon aus dem Unter-Ordoviz (Sulphur, Okla.) bekannt sind, als höhere Landpflanzen noch nicht vorhanden waren; daß in größeren Seen und im Meer nicht die Ufervegetation höherer Pflanzen, sondern ausschließlich das Plankton die nicht unmittelbar küstennahen Sedimente beliefert; daß die meisten Planktonwesen (Einzeller) ebenso wie die Bakterien, aus denen das Erdöl letztlich entsteht, sich seit den ältesten Zeiten chemisch kaum wesentlich verändert haben dürften; daß die Aufeinanderfolge von höher gelegenen Asphaltölen über tiefergelegenen Paraffinölen ebenso innerhalb pliocäner wie innerhalb paläozoischer Lagerstätten erfolgt, also vom Alter unabhängig ist; und daß das Nebeneinander verschiedener Öle in derselben Schicht benachbarter Lagerstätten auf diese Weise nicht erklärt werden kann.

Die nebenstehende Tabelle soll eine schematische Übersicht über die Erdölbildung geben. Die dargestellten Umbildungen ergreifen nicht auf einmal die ganze Menge der Kohlenwasserstoffe, so daß in den Erdölen stets Mischungen der verschiedenen Kohlenwasserstoffe auftreten, in denen die eine oder andere Gruppe nur *vorherrscht*. Kennzeichnend ist jedoch der Gehalt an Festparaffinen, der sich praktisch im Stockpunkt der Öle und besonders des Rückstandes ausdrückt. Die langen Ketten werden am leichtesten sowohl adsorbiert wie auch chemisch umgebildet (Paraffin-Oxydation). — Erdgase fallen nicht nur während aller Vorgänge der Erdölbildung ab, sondern entstehen auch bei der Umbildung der Gyttjen zu „Ölschiefer“, und bei der Kohlenbildung (vom Sumpfgas bis zu den schlagenden Wettern). Erdgas bildet sich auch aus Gesteinen mit geringen Mengen organischer Stoffe; es wird nur wenig adsorbiert.

Die Entstehung der Erdöllagerstätten

Erdöl kann wandern; es findet sich in Schichten aller Art, die meist zu seiner Entstehung keinerlei Beziehungen haben, sondern die nur wie ein Schwamm das Erdöl aufgesaugt haben. Wir finden

Erdöl in den Klüften von erstarrten Feuergesteinen und von Kalk; in den Hohlräumen der Gasblasen in erstarrten Lavaströmen; in den Hohlräumen, die durch Auslaugung von Kalk, z. B. durch Auslaugung von Schalen entstanden sind; vor allem aber in den Hohlräumen zwischen Sandkörnern. Wie sind nun diese Erdöllagerstätten entstanden?

Urmigration. Das Erdöl entsteht in Tonen und Kalken. Tone bestehen aus winzigen Schüppchen (Korngröße unter 0,002 mm). Diese Schuppen sind gegeneinander verschiebbar, so daß die Tone einer stetigen Formänderung fähig sind. Bei Faltungen geraten die verschiedenen Teile der Falten unter verschieden starken Druck. Die Flanken werden am stärksten gedrückt und werden dabei dünner, das Material wandert in die Faltenscheitel, die dabei dicker werden. Bei solchen Wanderungen eilen die stärker plastischen oder flüssigen Stoffe den weniger plastischen voran. So eilt z. B. Gips dem Ton, Salz dem Gips voran. In Versuchen hat man Fett zwischen Tone geschichtet und zusammen gefaltet; dabei ist das Fett in den Faltenscheitel vorangeeilt. In den Faltenscheiteln von Kleinfalten bituminöser Gesteine findet man häufig Bitumen angereichert. Es erfolgt also bei der Faltung verschieden leicht beweglicher Stoffe eine tektonische Entmischung. Wir möchten annehmen, daß auch im großen bei Faltungen das leichte und flüssige oder sehr bewegliche Bitumen gegen die Scheitel der Sättel wandert, soweit es frei, d. h., nicht durch Ton adsorbiert ist. Bei Erhöhung von Druck und Temperatur können zusätzlich Mengen aus Adsorptions-Bindung frei und wanderfähig werden. Diese Art der Wanderung innerhalb des Muttergesteins ist im großen noch nicht nachgewiesen. Ich nehme sie aus Beobachtungen an kleinen Falten und im Experiment als wahrscheinlich an und habe sie Urmigration genannt. (Migration nennen wir alle Wanderungen des Erdöls innerhalb der Erdschichten.) — Urmigration ist nicht nachgewiesen, und es ist für alles Folgende ziemlich gleichgültig, ob man sie annimmt oder nicht. Sie würde, meiner Annahme nach, in stärker gefalteten Schichten ein erstes Glied jener Anreicherungsvorgänge bilden, die zur Lagerstättenbildung führen. Ob in schwachgefalteten Schichten der Unterschied des Belastungsdruckes etwas Ähnliches hervorrufen kann, ist auch mir noch fraglich; es handelt sich ja beim Bitumen nicht um eine durchgehende Schicht wie beim Steinsalz, von dem solche Wanderungen bekannt sind.

Schubflächen und Klüfte. Bei jeder Faltung eines Schichtstoßes müssen die Schichten aneinander gleiten. Ein Paket Karten kann man leicht biegen, weil die Karten aneinander gleiten können; ein gleich großes Stück Holz kann man nur brechen. In jedem gebogenen Balken — und in jeder in sich zusammenhängenden Schicht — treten beim Biegen außen Zugspannungen, innen Druckspannungen auf. Die natürlichen Gesteine sind nicht über größere Erstreckung (etwa über Kilometer) fest zusammenhängend. Bei der Faltung brechen die Gesteine, es entstehen Klüfte, an denen die Gesteine oft etwas verschoben werden (Verwürfe). Solche Klüfte sind an der Oberfläche schwer feststellbar, weil das zerrüttete Gestein hier verstürzt; in Bohrungen sind sie meist unkenntlich, weil der herausgefräste Bohrkern an diesen Zerrüttungszonen abdreht und sich dadurch Lagen von verschmiertem Gestein einschalten; dasselbe kann aber auch bei unachtsamem Bohren in zusammenhängendem Gestein geschehen (wenn sich der Kern klemmt, wenn zu schnell oder zu langsam gebohrt wird). Solche Klüfte kann man daher nur in frischen Gräben und ganz besonders in Bergwerken nachweisen, und da sind sie in großer Zahl nachgewiesen worden, sowohl an Salzstöcken als in Falten (SCHUH, CLOOS).

Wir unterscheiden bei den Trennungsflächen der Gesteine die Schubflächen von den Klüften. Schubflächen laufen senkrecht zu der Vertikalebene, die durch die Richtung des Gebirgsschubs geht. Die Schubflächen gestalten mit anderen Mitteln dasselbe wie die Falten, nämlich einen Zusammenschub, eine Verkürzung in der Richtung des gebirgsbildenden Schubs. Diese Schubflächen werden also von den gebirgsbildenden Kräften zusammengedrückt und geschlossen; hierher gehören z. B. die Randklüfte der Salzstöcke, die daher auch kein Wasser führen. In solchen Schubflächen finden sich meist auch keine Mineralbildungen (wenn die Schubflächen nämlich nicht später unter anderen Bedingungen nochmals aufreißen). Diese Schubflächen kommen für die Wanderungen der Flüssigkeiten nicht in Frage. Dagegen stehen die eigentlichen Klüfte schräg oder parallel zur Richtung des Gebirgsschubs. Solche Klüfte bleiben leicht offen, wir finden in ihnen oft

Wasser und Ausscheidungen von Mineralien, und auch das Erdöl wandert auf solchen Klüften.

Wanderungen des Öls auf Klüften. Wenn eine ölführende Schicht sich faltet, so steht sie unter einer meist sehr hohen Druckspannung, die größer ist als der Widerstand des Gesteins gegen Verformung. Reißt nun eine Kluft auf, so ist das genau so, wie wenn wir den Hahn einer Siphonflasche öffnen. Es entsteht eine örtliche Druckentlastung, die Flüssigkeiten dehnen sich aus, Gasblasen scheiden sich aus und der Gasdruck der gespannten Flüssigkeit selbst treibt diese in der Kluft wie in einem Steigrohr hoch. An den Wänden der Kluft werden Teile der Flüssigkeit von den Gesteinsteilchen festgehalten, es entsteht eine Filterung, die um so stärker ist, je enger die Kluft, je langsamer die Bewegung ist. Trifft die Kluft auf ein poröses Gestein, dessen Hohlräume unter geringerem Druck stehen, so muß die Flüssigkeit aus der Kluft in dieses Gestein einwandern.

Die Hohlräume eines Sandes oder Sandsteines werden von dem gebirgsbildenden Druck nicht erfaßt, da die Sandkörner bei diesen Vorgängen nicht zerdrückt werden und gewölbeartig die Poren vor Zusammendrückung schützen. Wo bitumenbildender Ton Sande an- oder eingelagert enthält, oder durch Klüfte mit Sanden verbunden wird, werden die Flüssigkeiten des Tons unter Druck in die Poren des Sandes einwandern. *Auf solche Weise bilden sich die nutzbaren Erdöllagerstätten.*

In den tonigen Muttergesteinen kann sich das Öl in den schlitzartigen Kanälen zwischen den schuppigen Tonteilchen nur sehr schwer bewegen. Wenn der Ton an Öl übersättigt ist, gibt er zwar etwas Öl ab (so z. B. im Oligozän des Vorlandes in Rumänien, das wir oben als Ölmuttergestein kennen lernten), aber die Ölabgabe geht sehr langsam vor sich; man kann aus solchen Brunnen von Meter-Durchmesser bestenfalls jede Woche einige hundert Liter schöpfen. Die Bohrungen haben meist einen 4- bis 10mal kleineren Durchmesser, also eine entsprechend kleinere Oberfläche als die Brunnen und würden dementsprechend weniger Öl bringen, also praktisch unrentabel kleine Mengen. Nun stehen aber diese Gesteine heute nicht mehr unter dem Druck einer Gebirgsbildung.

Ein starker Druck muß aus einem Gemisch von Ton und Öl die nicht adsorbierten flüssigen Bestandteile ebenso herauspressen, wie wir durch Schlagen das Wasser aus der Butter heraustreiben können. — Ein Zweites ist noch wichtiger: die Natur hat Zeit. Nehmen wir an, ein Quadratmeter der Oberfläche eines entsprechend dicken Ölmuttergesteins gäbe in einem Jahr 1 Liter Öl ab, so entspräche das einer Ölschicht von 1 mm Dicke. In tausend Jahren macht das schon einen Meter. Rechnen wir alles Öl sehr reicher Lagerstätten zusammen, so kommen wir, sagen wir, auf 100 m Öl; dafür würden wir 100000 Jahre brauchen. Aber die jüngsten Öllagerstätten, die wir kennen, sind schon wenigstens eine Million Jahre alt.

Mag ein Ölmuttergestein noch so viel Öl haben, so kommt es doch für eine wirtschaftliche Öllieferung nicht in Frage: das Öl wird viel zu langsam abgegeben. Aus den Sanden und anderen grobporigen Schichten aber wird das Öl sehr rasch abgegeben, und daher kommen besonders für die kleinen Löcher unserer Bohrungen nur solche grobporigen Schichten als nutzbare Öllagerstätten in Frage. Das Ölmuttergestein hat in Tausenden von Jahren das Öl an die Sande abgegeben, wir nehmen es in ein paar Jahren wieder heraus.

Einwanderung des Öls in Sande. Bei dieser Einwanderung des Öls in die Sande ist zu berücksichtigen, daß Sande einer stetigen Formänderung nicht fähig sind — im Gegensatz zu den Tonen, die stetig verformt werden können. Wenn man Sande verformen will, so müßten erst die Sandkörner, die zwischeneinander eingreifen, aus den Zwischenräumen so weit herausgehoben werden, daß wieder eine seitliche Bewegung möglich wird. Dies geschieht, wenn in den Sand Flüssigkeit eingepreßt wird, wodurch die Sandkörner auseinandergedrückt werden; erst dann ist der Sand imstande, sich anders als bruchhaft zu verformen. Nachher hat der Sand das Bestreben, sich wieder zu setzen und dabei Flüssigkeit abzugeben. Bei der sperrigen Natur der Sandkörner scheint aber oft eine Lagerung des Sandes beibehalten zu bleiben, die recht lose gepackt ist. An Proben von lockeren Sanden kann man das natürlich nicht erkennen, weil der Aufbau bei der Entnahme der Probe zerstört wird. Wenn aber die Zwischenräume zwischen den Sandkörnern (z. B. durch Kalk oder Kiesel) verkittet sind, dann kann man solche Strukturen beobachten. So hat z. B. der Bradfordsand in Amerika einzelne Poren, die an 90mal größer sind als die Sandkörner, und die von den Sandkörnern gewölbeartig überbrückt werden (Waben- und Flockenstruktur). Dabei ist das verkittende Material um die Sandkörner herum ausgeschieden worden und verschließt die kleinen Normalporen der dichtgelagerten Sandkörner (z. B. der Gewölbe), läßt aber die Großporen frei. Infolge dieser großen Poren ist der Bradfordsand für die Flüssigkeitswanderung sehr geeignet, also ein sehr guter Ölsand, obwohl die Summe seiner Hohlräume nur 8—15% des Raumes beträgt, den das ganze Gestein einnimmt (die Hohlraumsumme ist so klein, weil alle kleinen Poren von verkittenden Mineralien ausgefüllt sind). Dagegen haben Tone 40—50% Hohlräume und taugen doch nicht als Öllieferanten. Es kommt nicht auf die Summe der vorhandenen Hohlräume an, sondern auf die Durchlässigkeit (Permeabilität) des Gesteins und die äußere und innere Reibung der Flüssigkeit in den Hohlräumen. Sowohl die äußere wie die innere Reibung aber hängen ab von der Größe der Engpässe zwischen den Hohlräumen; bei sehr dünnen Hohlräumen nimmt die Zähigkeit umgekehrt wie die dritte (in Schlitzen umgekehrt wie die vierte) Potenz des Durchmessers zu. Darum sind Riffkalke mit großen ursprünglichen oder durch Lösung entstandenen Hohlräumen (vugs) die ergiebigsten Speichergesteine.

Hoher Druck in Erdöllagerstätten. Der Gebirgsdruck und der Überlagerungsdruck sind zu klein, um die Sandkörner zu zerdrücken. Solange das nicht geschieht, ist jede Flüssigkeit in den Lücken zwischen den Sandkörnern durch die Verkeilung (Gewölbebildung) der Sandkörner vor der direkten Einwirkung des Druckes geschützt. Aber aus den stetig verformbaren Tonen der Ölmuttergesteine können Überlagerungsdruck und gebirgsbildende Kräfte Öl herauspressen, das dann einen kleineren Raum einnimmt als unter normalem Druck. Dieses Öl (oder auch Wasser usw.) kann in Schichten mit niederem Druck hineingepreßt werden und preßt die dort schon vorhandenen Flüssigkeiten oder Gase zusammen. Durch das Zusammenpressen steigt auch der Druck an.

In gut abgedichteten Lagerstätten treffen die ersten Bohrungen das Erdöl oft unter einem Druck, der größer ist als der Druck einer Wassersäule, die von der Oberfläche bis in die betreffende Tiefe reichen würde. In den Erdgasgebieten von Siebenbürgen rechnet man mit einem anfänglichen Gasdruck, der nach unten zunehmend bei 1000 m etwa 1,2 und unterhalb 2000 m bis 1,5mal höher ist als der hydrostatische Druck; in Ventura, Kalifornien, wurden 443 atü bei 2500 m gemessen, in Süd-Frankreich 730 atü bei 4000 m. Im Khaur-Feld am Himalaja sind Drucke bis zum 2,5fachen des hydrostatischen Druckes gemeldet worden; höher geht es nicht, da die Flüssigkeit das Deckgebirge heben würde. Diese Druckzunahme, die nach unten immer stärker zunimmt, kann nicht durch den hydrostatischen Druck von Wasser oder einer Salzlösung erklärt werden (das spezifische Gewicht einer konzentrierten Kochsalzlösung ist bei 70°: 1,201, bei 100°: 1,164). Vielmehr können die beobachteten hohen Drucke nur auf dem Auspressen von Gas oder Flüssigkeit aus tonigen Gesteinen erklärt werden. Solches Auspressen kann durch den Druck der Sediment-Überlagerung oder durch Gebirgsdruck erfolgen. Die ganz hohen Drucke finden sich in Gebieten junger Gebirgsbildung.

Daß solch hoher Druck tatsächlich oft auf die Zusammendrückbarkeit eingepreßter Flüssigkeit zurückzuführen ist, geht daraus hervor, daß der Druck in solchen Ölfeldern bei der Förderung viel rascher abfällt als in gewöhnlichen Ölfeldern. Eine derart gespannte Flüssigkeit kann natürlich auch starke Widerstände bei der Wanderung überwinden; sie würde nicht nur eine Wassersäule, sondern im erwähnten Fall auch eine Säule Sandstein oder Ton heben können. So stark können die Kräfte sein, mit denen wir bei der Wanderung des Öls zu rechnen haben! Natürlich hält sich ein hoher Druck in einem nur unvollkommen abgedichteten Speicher, wie ihn eine Erdschicht bildet, nicht für sehr lange Zeit. Wir finden daher übermäßig hohe Drucke dort, wo die Gebirgsbildung noch vor kurzer Zeit tätig war; die höchsten Drucke finden wir z. B. am Himalaja, wo die Gebirgsbildung heute noch andauert.

Etwas anders muß die Lagerstättenbildung dort verlaufen, wo sich Erdöl in ganz flach geneigten Schichten (Neigungen oft unter 1°) findet, wie z. B. im Mittelteil der Vereinigten Staaten. Hier kann nicht Faltungsdruck, wohl aber Überlagerungsdruck das Öl aus den Tonschichten austreiben, und für das Zusammentreiben des Öls gegen die höchsten Schichten ist in erster Linie der Schwere-Unterschied zwischen Öl und Wasser verantwortlich. Auch die verschiedene Oberflächenspannung von Öl und Wasser kann eine Rolle spielen, denn frisches (nicht oxydiertes) Öl wird durch Wasser von Mineraloberflächen vertrieben. Wenn man bei Bohrungen, die Öl mit Sand fördern, das Ölsandgemisch in einen Eimer mit Wasser leitet, so scheidet sich am Boden des Gefäßes reiner Sand ab (Friedl); läßt man das Gemisch einige Tage an der Luft stehen, so erfolgt diese Trennung nicht mehr oder unvollständig.

Verteilung von Gas, Öl und Wasser. Auch in stark gefalteten Lagerstätten ist die Verteilung von Gas und Wasser durch die Schwere der Flüssigkeiten bedingt: aber schon die Einwanderung ist hier meist im Scheitelgebiet der Falten oder am Rand der Salzstöcke erfolgt, und die Wanderungen innerhalb der Schichten waren daher nicht weit. Wir finden in jüngeren Lagerstätten auch häufig heute noch unausgeglichene Zustände: die Ölkappe sitzt schief auf der Struktur, die Grenzlinie zwischen Öl und Wasser liegt oft nicht in einer Ebene, sondern greift in der Zerrüttungszone der Sattelachse tiefer hinab als auf den Flanken und auf der steilen Flanke tiefer als auf der flachen Flanke. Ja, in einem Falle (Ceptura in Rumänien) konnten wir sogar innerhalb einer Schichtreihe Wasser über Öl nachweisen: der ursprünglich höchste Punkt, die Zone der geringsten Schichtmächtigkeiten eines Sattels liegt infolge weitergehender Faltung heute in tieferer Lage, aber diese früher höchste Zone enthält noch immer das Erdöl; die heute höchste Stelle lag ursprünlich tief, in der Zone der Wasserführung, und führt auch heute noch Wasser. Die seit dem Ende der letzten Faltung verflossene Zeit (etwa eine Million Jahre) hat nicht ausgereicht, um die Öl-Wasser-Verteilung der neuen Lage anzupassen (Krejci-Graf 1930; Marinescu).

Ein wesentliches Hindernis für Flüssigkeitswanderungen innerhalb einer Schicht liegt darin, daß die Schichten meist nicht einheitlich zusammengesetzt, sondern durch abdichtende Zonen mit Tongehalt, durch Tonlagen (Kreuzschichtung) und dergleichen unterteilt sind. Klüfte und wohl auch einiges Rütteln (Erdbeben) sind nötig, um diese Schwierigkeiten zu überwinden; es braucht also lange Zeit. Die Behinderung des Strömens innerhalb einer Schicht können wir schon daraus entnehmen, daß die Analysen von Wassern einer und derselben Schicht, selbst von nahe benachbarten Punkten, bei den ersten Bohrungen eines Feldes recht verschieden sein können; die Wasser innerhalb der Schicht konnten sich also nicht frei vermischen. Erst die im Laufe der Produktion entstehenden starken Druckgefälle führen zu einer Vermischung.

Faltungsdruck und Überlagerungsdruck treiben das Öl aus den Tongesteinen. Es wandert dann auf Klüften, in denen wir noch gelegentlich Restprodukte dieser Wanderungen (Erdwachs, Asphalt, verhärteten Schlamm) finden. Wo die Klüfte eine poröse Schicht antreffen, dort wandert das Öl in diese Schichten ein, wird in sie unter Druck eingepreßt, oder von Sanden im Zustand der Formänderung angesaugt. Ebenso wie das Öl wandert das typische Begleitwasser. Die im Öl und Wasser gelösten Gase helfen bei der Wanderung in ähnlicher Weise wie in einer Siphonflasche.

Unter den Druck- und Temperatur-Bedingungen der Lagerstätte enthält das Erdöl größere Mengen von Gasen gelöst; ein Teil der Gase ist bei diesen Bedingungen bereits verflüssigt. Bei einheitlich zusammengesetzten Flüssigkeiten kann man für jeden Druck eine Temperatur angeben, bei der die Flüssigkeit verdampft. Bei einem Gemisch wie dem Erdöl verdampfen innerhalb eines größeren Bereiches von Druck- und Temperaturbedingungen die Stoffe teilweise. Die Druckabnahme eines Gases bei Entspannung verläuft sehr verschieden, je nachdem das Gas nahe an seiner kritischen Temperatur (oberhalb deren es nicht „verflüssigt" werden kann) oder erheblich wärmer ist. Bei der Druckentlastung eines Erdöls werden also Gase aus der Lösung austreten, Teile der Flüssigkeit verdampfen, das Verhältnis des Dampfdruckes der einzelnen Stoffe zueinander sich verändern. Die Löslichkeit der Stoffe ineinander, die Beeinflussung des Siedepunktes usw. ändern sich. Es ist experimentell festgestellt, daß die Verflüssigungskurven rückläufig werden, und daß es Punkte im Druck-Temperaturfeld gibt, von denen aus sowohl Druckerhöhungen wie Druckerniedrigungen zu Teilverflüssigungen führen (retrograde Condensation: Russel). Erdöl könnte also bei hohem Druck teilweise als Gas vorliegen, bei Entlastung würde ein Teil des Gases sich wieder verflüssigen. Auf solche Vorgänge einer natürlichen Destillation (durch Druckentlastung) könnten die Lagerstätten von wasserhellen Naturbenzinen, die sich unmittelbar über schwarzen normalen Erdölen finden, zurückzuführen sein. Für Verdampfung und Niederschlag durch Temperaturänderungen, wie in unseren Erdöl-Raffinerien reicht der Abstand (Margineni: 30 m, entsprechend 1° C) nicht aus. Verflüssigung durch Ausdehnungskälte ist unwahrscheinlich, weil das Gas nicht in einen leeren Raum eindringt, sondern wahrscheinlich einen nur um weniges geringeren Druck in der neuen Lagerstätte vorfindet. Erst allmählich wird die neue Lagerstätte ihrerseits Lagerstätteninhalt abgeben oder den erhöhten Druck in entferntere Teile weiterleiten, so daß weitere Einwanderungen in dieselbe Schicht nur sehr langsam vor sich gehen werden. Bei rascher Einwanderung würde die Ausdehnungskälte die Lagerstättenbildung unterstützen.

Zerstörung der Erdöllagerstätten. Reicht eine ölführende Kluft bis an die Oberfläche, oder wird ein ölführender Sand von einem Tal angeschnitten, so ergießen sich Öl, Gas oder Wasser an die Oberfläche, und die Lagerstätte wird zerstört. Etwas Ähnliches machen wir in den Bohrungen, nur fangen wir dabei das Öl und Gas auf. Um die natürlichen Austrittstellen von Öl oder Wasser auf Klüften lagert sich oft der mitgeführte Schlamm ab, und es entstehen vulkanartige Bauten, die Salsen (Abb. 18, S. 32); auch sie sind Zeugen der begonnenen Zerstörung von Öllagerstätten. In den Salsen wird vorwiegend gashaltiges Wasser gefördert. Wo vorwiegend Öl gefördert wird, dort entstehen an der Oberfläche „Pechseen“ (Trinidad, Bermudez usw.), oder Asphaltlager („Kir“-Decken am Kaukasus). Wo Paraffinöl in Klüften offen stehen bleibt (bei geringem Gasdruck), dort entsteht Erdwachs; aus Asphaltöl entsteht unter gleichen Umständen Asphaltit (Reinasphalt). Die Asphalttone, Asphaltsande, Asphaltkalke entstehen aus Ölimprägnationen bei langdauernder allmählicher Polymerisierung als Folge einer Oxydation durch wäßrige Lösungen mit sauerstoffhaltigen Salzen.

III. Aufsuchen, Gewinnung und Verarbeitung des Erdöls

Aufsuchen des Erdöls

Zuerst ging die Ölsuche von Gegenden aus, wo man an der Oberfläche Ölanzeichen, das sind Ölquellen, „Teerkuhlen“, Asphalt-Lager, Erdwachsgänge, Gasaustritte, Schlammvulkane oder dergleichen beobachten kann. In der Umgebung dieser Vorkommen suchte man dann die für die Ansammlung von Öl günstigen Stellen; das sind die Scheitelzonen der Sättel, hochliegende Teile von Schuppen und Schollen, aufgebogene Schichtränder an Salzstöcken usw. Später untersuchte man diese günstigen Stellen auch dort, wo keine oberflächlichen Ölanzeichen vorhanden waren.

Jeder Geologe, der ein Gebiet auf seine Ölhöffigkeit (das sind die Aussichten, dort Erdöl zu finden), beurteilen will, legt sich folgende vier Fragen vor:

1. Sind Ölmuttergesteine vorhanden oder wahrscheinlich?
2. Sind Speichergesteine (poröse Sande, klüftige oder löcherige Kalksteine, Lagen von Muschelschalen usw.) vorhanden?
3. Wo befinden sich Sättel, Brüche, Salzstöcke und andere geologische Bauformen, in denen Speichergesteine höher liegen als in der Nachbarschaft?
4. Sind die vorhandenen Speichergesteine durch tonige, undurchlässige Schichten überlagert und nach oben hin geschützt?

In noch wenig erforschten Ländern wird der Geologe zunächst eine Bestandsaufnahme aller vorhandener Schichten vornehmen, um festzustellen, ob und welche Schichten als Mutter- und Speichergesteine in Frage kommen. Hierbei scheiden schon weite Gegenden aus, in denen keine Gesteine vom Muttergesteinstypus vorkommen, also besonders Gebiete von magmatischen Tiefengesteinen (Granit, Diorit, Gabbro usw.) oder Gebiete, in denen die Gesteine Umbildungen unter hohem Druck und/oder hoher Temperatur durchgemacht haben (metamorphe Gesteine: kristalline Schiefer, z. B. Gneis, Glimmerschiefer).

Umgekehrt können wir Gegenden, in denen Gesteine vom Muttergesteinstypus bekannt sind, als erdölhöffig bezeichnen. Doch ist damit nicht gesagt, daß tatsächlich nutzbare Erdöllagerstätten vorhanden sind. Dies kann allein erst eine Bohrung klären.

Eine möglichst scharfe und enge Kennzeichnung der Muttergesteine ist hierzu erwünscht. Die oben erwähnten Merkmale chemischer und geologischer Art dienen hierzu. Durch die Untersuchung von Gesteinsproben unter der Quarzlampe auf die Helligkeit ihrer Fluoreszens hin ist es nicht möglich, Schlüsse auf die Muttergesteinsnatur zu ziehen. Die widerstandsfähigen Stoffe (Harze, Wachse, Chitin, Horn) fluoreszieren stark. Bogheads fluoreszieren, Cannels (außer hellfarbigen) meist nicht. Gesteine mit wenig Leichtbitumen (Knistersalze, Gangkalke) fluoreszieren hell, Polybitumen meist dunkel; je mehr organische Substanz da war, um so mehr werden ausschließlich schwere, leicht adsorbierbare Moleküle des Polybitumen festgehalten; je weniger das Gestein durch solche Moleküle abgesättigt werden konnte, um so mehr werden auch leichte Moleküle adsorbiert sein.

Oberflächenanzeichen. Oberflächenanzeichen von Öl, Asphalt oder Erdwachs sind ein Beweis dafür, daß Muttergesteine vorhanden sind und daß sie Erdöl abgegeben haben. Aber ob sich wirklich nutzbare Lagerstätten im Untergrund befinden, ist damit noch nicht bewiesen, denn in geringer Tiefe kann bereits Wasser folgen, oder alles einmal vorhandene Öl kann ausgeflossen oder zu Asphalt oder Erdwachs umgewandelt sein. Andererseits ist das Fehlen von Ölanzeichen kein ungünstiges Merkmal, wenn man mit Muttergesteinen rechnen darf. Viele große Lagerstätten liegen so tief und gut abgedeckt, daß sie sich an der Erdoberfläche durch keinerlei Anzeichen bemerkbar machen. Nicht selten liegen Lagerstätten von reinem Methan über tieferen Erdöllagerstätten. Auch hier geben erst Bohrungen eine endgültige Auskunft.

Austritte von Erdgas und typischem Ölfeldwasser, die häufig mit Öllagerstätten in Verbindung stehen, sind noch kein sicherer Hinweis auf Erdöl-Lagerstätten; Erdgas und Ölfeldwasser können aus bituminösen Sedimenten stammen, die kein Erdöl gebildet haben.

Geologische Bauformen. Der nächste Schritt ist das Aufsuchen geologischer Bauformen. Der Geologe ermittelt sie an der Erdoberfläche durch die Beobachtung der Schichtenlagerung und mit Hilfe von Versteinerungen (Abb. 6—8). Eine Schichtfolge besteht meist aus einem Wechsel verschieden harter Gesteine. Härtere Lagen leisten der Verwitterung mehr Widerstand und bilden an der Oberfläche Rippen und Felsstufen. Daher kann man in Gegenden ohne Pflanzenwuchs, besonders in Wüsten, oft Sättel schon an Hand von Luftbildern deutlich erkennen; große Gesellschaften kartieren zunächst durch photographische Aufnahmen von Flugzeugen aus.

In gemäßigtem Klima sind aber die Gesteine durch Felder und Wiesen verdeckt. Hier bleiben dem Geologen nur einzelne Aufschlüsse wie Steinbrüche, Tongruben usw. Erdölgesellschaften untersuchen oft ein solches Gebiet mit flachen Schürfbohrungen, um die Gesteinsverteilung an der Oberfläche zu klären, bevor sie eine Tiefbohrung durchführen. Häufig ist die Erdoberfläche aber durch dichte Wälder, unzugängliche Sümpfe, Moore, mächtige Flußschotter oder Ablagerungen der Eiszeit so stark verhüllt, daß wir die Geophysik zu Hilfe nehmen müssen.

Geophysik. Es gibt verschiedene geophysikalische Verfahren. So ist z. B. das Salz leichter als andere Gesteine; durch Messungen der Schwereanziehung *(Gravimetrik)* der Erde können wir daher die Lage verhüllter Salzmassen feststellen, wenn die Begrenzungsflächen dieser Salzmassen, wie meist bei Salzstöcken, steil in die Tiefe gehen, oder wir können Antiklinen feststellen, wenn in ihrem Kern Schichten auftreten, die leichter oder schwerer sind als die Umgebung.

Durch Messung der örtlichen Störungen des *magnetischen* Erdfeldes können wir auf Einlagerungen von Schichten, Stöcken usw. schließen, die stärker oder schwächer magnetisch sind als ihre Umgebung. — Durch Messung natürlicher oder künstlich erzeugter induzierter *elektrischer* Felder in den Erdschichten können Einlagerungen festgestellt werden, die ein höheres elektrisches Leitungsvermögen als ihre Umgebung haben.

Von allen geophysikalischen Verfahren wird jedoch das der *Seismik* am meisten benutzt, bei dem durch Sprengungen kleine künstliche Erdbeben erzeugt werden. Diese Erschütterungswellen werden z. B. von Salz und Kalk schneller fortgeleitet als von Sanden oder Tonen. Aus der Laufzeit der Wellen, die auf Tausendstelsekunden genau aus Seismogrammen abgelesen werden, können wir Lage und Tiefe von Schichten mit höherer Fortpflanzungsgeschwindigkeit unter solchen von niederer Fortpflanzungsgeschwindigkeit feststellen (Refraktionsmethode). — Am erfolgreichsten ist die Reflexionsmethode, bei der die an Schichtflächen zurückgeworfenen Erdbebenwellen gemessen werden. Wo z. B. eine Tonschicht auf einer Sandschicht oder ein weicher Ton auf harten Kalken lagert, bilden die Grenzflächen seismische Spiegel, deren Neigung und Tiefe aus den Seismogrammen berechnet werden. Das Verfahren ähnelt den Meerestiefenmessungen durch Schall (Echolot).

Mit Hilfe aller dieser Methoden ist es möglich, ein weites Gebiet rasch flächenhaft zu untersuchen, während einzelne Bohrungen immer nur einen punktartigen Aufschluß geben. Eine geophysikalische Vermessung, die sich billiger als eine einzige Tiefbohrung stellt (oft nur $^1/_4$ der Kosten), erspart daher oft zahlreiche tiefe Bohrungen.

Keine direkte Feststellung von Erdöl. Alle diese geophysikalischen Methoden aber zeigen uns nur die Verteilung und Lagerung von Gesteinskörpern; hieraus können wir dann einen Schluß auf den geologischen Aufbau ziehen. *Es gibt heute noch kein Hilfsmittel, mit dem Erdöl direkt festgestellt werden könnte.*

Erdöl bildet ja keine selbständigen Körper, sondern sitzt in kleinen Hohlräumen anderer Gesteine. Seine Elastizitätseigenschaften kommen also bei seismischen Messungen nicht zum Ausdruck. Sein spezifisches Gewicht ist so nahe dem des Wassers, daß sich erdölführende Schichten gravimetrisch von wasserführenden nicht unterscheiden lassen, während gasführende Schichten gelegentlich erkennbar sind (Siebenbürgen).

Erdöl ist als Nichtleiter von elektrisch-leitenden (z. B. Salzwasser führenden) Schichten in Bohrlöchern unterscheidbar. Die Bohrlöcher durchsetzen mehr oder weniger lotrecht die Schichtung, die Messung des elektrischen Widerstandes gibt ein Diagramm (SCHLUMBERGER). Von der Erdoberfläche jedoch läßt sich ein Nichtleiter, der in leitende Schichten eingeschaltet ist, nicht auffinden. Dasselbe gilt für die magnetischen Eigenschaften des Erdöls.

Verfahren, die angeblich direkt Öl finden können, beruhen auf der Untersuchung von Gasen, von angeblich polymerisierten Umwandlungsprodukten solcher Gase, von Mineralisationen oder Bakterien-Kolonien, die durch solche Gase hervorgerufen worden sein sollen, von harter Gamma-Strahlung, die angeblich auf Anreicherungen unbekannter Stoffe bei derartigen Wanderungen zurückzuführen sein soll, usw. — Methan entsteht aber bei jeglicher Umbildung organischer Substanz im Boden: in Humus, Sümpfen, Kohlen, Ölschiefern — z. B. im Bereich des esthnischen Kukkersits, wo keinerlei Öl vorkommt. Höhere Kohlenwasserstoffe kommen in Sumpf- und Kohlengasen bis zum Ausmaß von einigen % vor. Alle Stoffe, deren Wanderungen wir kennen, folgen der Wegsamkeit der Gesteine, die i. A. in der

Richtung der Schichtebenen größer ist als senkrecht dazu; die angeblichen Gas-Emanationen sollen ohne Rücksicht auf die Wegsamkeit die Schichten lotrecht durchsetzen. Man wird also zunächst etwas skeptisch sein dürfen.

Aufschlußbohrungen. Nehmen wir nun an, man dürfe mit Mutter- und Speichergesteinen rechnen und die geologischen und geophysikalischen Vorarbeiten hätten eine günstige geologische Bauform, etwa einen Sattel, festgestellt. In diesem Fall wird man die erste Bohrung in die Nähe des Scheitels des Sattels setzen, da hier die günstigste Stelle für Erdölansammlungen ist.

In der Frage nach dem Vorhandensein eines Erdölvorkommens bedeutet eine fündige Bohrung immer eine eindeutige Antwort, eine negative Bohrung aber nur selten eine endgültige Klärung. Ein ölführender Sand kann schon nach wenigen Kilometern verschwinden oder in undurchlässige tonige Schichten übergehen. Der Geologe zeichnet daher Karten, aus denen die Verbreitung der Sandschichten, die meist durch alte Meeresströmungen verursacht ist, hervorgeht.

Manchmal wird nur 50 m von einem ergebnislosen Bohrloch entfernt eine weitere Bohrung fündig, wenn nämlich die erste Bohrung einen Bruch angetroffen hat, an dem die Schichten verschoben sind und das Speichergestein örtlich ausgefallen ist. Oder die Bohrung steht im Bereich des Randwassers und in unmittelbarer Nähe befindet sich in wenig höherer Lage ein Ölfeld. In solchen Fällen zeigen sich meist in der ergebnislosen Bohrung schon Ölspuren im Gestein. Ölspuren bilden daher einen großen Anreiz, mit weiteren Bohrungen nach einer Lagerstätte in der Nähe zu suchen. Aber es gibt Gebiete, die von Ölspuren „verseucht" sind, ohne daß weit und breit ein nutzbares Ölvorkommen existiert.

Ölhöffigkeit. Ölhöffig sind meist die Randgebiete weiträumiger und tiefer Becken (großer Mulden), weil sich bei dauernder Senkung leicht einmal abgeschlossene Meeresteile bilden. Bei mehreren 1000 Metern meerischer Sedimente im Becken darf man annehmen, daß sich darunter auch Muttergesteine sowie Speichergesteine befinden, und daß die Schichten infolge der langandauernden Senkung zu allen Zeiten gut abgedeckt und geschützt waren.

Einfache geologische Bauformen mit regelmäßig gelagerten Schichten (z. B. flache Sättel) enthalten oft große Ölvorkommen von mehreren Kilometern Ausdehnung nach allen Seiten. Solche Lagerstätten werden manchmal schon mit der 1. oder 2. Bohrung getroffen. Weitaus mehr Bohrungen erfordert die Ölsuche in erdölarmen Ländern mit ungleichmäßiger Ölverteilung, in komplizierten Bruchschollen und Schuppen oder an Salzstockflanken, deren Lagerstätten manchmal nur einen 50—100 m schmalen Streifen bilden.

Bei den wenig übersichtlichen Verhältnissen, etwa an einer Salzstockflanke oder unter einem Salzüberhang, zeichnet man Schnitte durch die Schichten (wie Abb. 14) auf Grund der Gesteinsverteilung und Lagerung an der Oberfläche oder geophysikalischer Messungen. Dabei kann es vorkommen, daß eine Bohrung an der in diesem Schnitt höchsten erkennbaren Stelle des Speichergesteins nur Salzwasser antrifft. Dies kann sich so erklären, daß die Bohrung noch unterhalb der Randwasserlinie steht und daß an der gleichen Salzstockflanke in einem anderen Schnitt vor oder hinter der zuerst abgebohrten Stelle eine noch höhere Lage des Speichergesteins existiert, die Öl führt. Es ist daher notwendig, die Lage der Gesteinskörper nach allen drei Dimensionen zu klären. Der Erdölgeologe zeichnet daher möglichst viele Schnitte, vor allem aber Karten, in denen die Tiefenlinien der Schichtflächen im Untergrund dargestellt werden, ähnlich wie die Höhenschichtlinien der Erdoberfläche auf Meßtischblättern.

Erst durch abdichtende, undurchlässige Deckschichten werden Speichergesteine zu „Ölfallen“; auch an Brüchen, die Speichergesteine versetzen, kann sich Öl fangen. Bei Lagerstätten in geringer Tiefe ist darauf zu achten, daß die Deckschicht nicht an einer unter der Pflanzendecke und lockeren Sanden verborgenen Stelle zu dünn wird. Oft ist die tonige Schutzdecke teilweise durchlässig oder von Klüften durchsetzt, so daß sie nicht genügend abdichtet. In diesem Falle finden wir nicht nur an der Oberfläche, sondern auch schon in der Deckschicht Asphaltlager als Rest ausgelaufener Ölvorkommen (Etzel, Eddesse).

Nicht selten sind alle Voraussetzungen für eine Erdöllagerstätte erfüllt, aber die niedergebrachte Bohrung trifft nur ein verwässertes (mit Salzwasser erfülltes) Speichergestein an. Dies läßt sich manchmal so erklären, daß die geologische Bauform jünger ist als die Einwanderung des Öls in das Speichergestein. Das Öl ist damals nach den Stellen abgewandert, die vordem höher lagen. Häufiger ist der Fall, daß sich an der von dem Geologen vermuteten Stelle tatsächlich einmal eine Öllagerstätte befand, die aber vor Jahrmillionen schon zerstört wurde, als sie vor Ablagerung der Deckschicht offen an die damalige Erdoberfläche austreten konnte. Es genügt also nicht, daß eine Lagerstätte abgedichtet ist, sie muß es auch zu allen früheren Zeiten der Erdgeschichte gewesen sein. Um hierüber Klarheit zu erhalten, fertigt man „abgedeckte geologische Karten" an, d. h. Karten, in denen man sich bestimmte Deckschichten als fortgenommen vorstellt und die das Aussehen der alten Landoberfläche widerspiegeln.

Kommt man auf Grund solcher Karten oder von benachbarten Bohrungen zu dem Schluß, daß ein weites Gebiet wenig höffig ist, muß man berücksichtigen, daß das Speichergestein nach Zerstörung der alten Lagerstätte später durch Ölnachschub z. T. wieder aufgefüllt sein kann. Solche Nachschübe sind noch aus dem Eiszeitalter, also vor wenigen Jahrhunderttausenden, bekannt (FAHRION: Calberlah). Schließlich gibt es eine letzte Möglichkeit, in einem solchen Gebiet noch Öl zu finden, nämlich das Aufsuchen von Brüchen, die damals vor Ablagerung der Deckschicht das Speichergestein versetzt und dadurch verhindert haben, daß die gesamte Lagerstätte an die ehemalige Tagesoberfläche ausfließen konnte.

Risiko der Ölsuche. Wir sehen also, daß die Erdölsuche ein riskantes und schwieriges Unternehmen ist, das die Zusammenfassung aller wirtschaftlichen, technischen und wissenschaftlichen Kräfte erfordert. Viele Geophysiker, Geologen und Paläontologen bearbeiten eingehend und lange ein Projekt, ehe man sich zu einer Bohrung entschließt. Die Bohrung kann das Speichergestein verfehlen, es ölfrei, trocken, mit Gas, Süß- oder Salzwasser erfüllt antreffen, oder verwässert mit Ölspuren oder nur mit einer geringen, nicht lohnenden Produktion. Die Erdölindustrie muß mit einem höheren Risiko arbeiten als die Industrien anderer Bodenschätze, wie Salze, Kohlen und Erze.

Ehe man ein Ölfeld entdeckt, muß man viel Geld investieren. Amerikanische und deutsche Statistiken zeigen, daß nur jede 8. bis 25. Aufschluß-Bohrung die Chance hat, eine neue Lagerstätte zu finden. Bei einfach gebauten und großen Feldern wird manchmal die 1. Bohrung fündig, bei kompliziert gelagerten oder kleineren Vorkommen hat man schon über 10 Bohrungen niederbringen müssen, um sich an die Lagerstätte heranzutasten. Schon eine nicht allzu tiefe Bohrung (bis 1000 m) kostet 200 bis 300 Mark pro Meter. Manche Lagerstätten liegen tiefer als 2000 oder 3000 m; die tiefsten Produktionen im Kern County, Kalifornien, liegen bei 5334—5453 m. Nur kapitalkräftige Gesellschaften oder große Konzerne können die Erdölsuche auf die Dauer erfolgreich betreiben.

Trotz des hohen Risikos und der enormen Kosten bringt ein neuentdecktes Ölfeld die in die Bohrungen hineingesteckten Gelder in wenigen Jahren wieder ein. Die in dem neuen Feld fündigen Bohrungen müssen aber die Kosten der vorangegangenen, erfolglosen Bohrungen mit tragen. Auch muß ein großer Teil des Gewinns, in erdölarmen Ländern weit über die Hälfte, für die weitere Erdölsuche reserviert bleiben, bei der wiederum nur 4—12% der Bohrungen neue Lagerstätten erschließen. Erdölarme Staaten (z. B. in Westeuropa) schützen sich durch Zölle vor dem billigeren Auslandsöl, um durch die eigene Produktion Devisen zu sparen. Gebiete mit großen und reichen Lagerstätten, deren Aufschließung durch Bohrungen, selbst in ungünstigem Gelände (Wüsten, Urwald), nur einen kleinen Bruchteil des Gewinns kostet, sind meist heiß umkämpft und stehen immer wieder im Brennpunkt politischer Verwicklungen.

Bohrtechnik

Bohrverfahren. Das älteste Bohrverfahren besteht darin, daß man einen schweren Stahlmeißel, der an Stangen oder an einem Seil hängt, abwechselnd hebt und fallen läßt; dabei zerschlägt der Meißel das Gestein (Abb. 29). Das zermalmte Gestein mischt sich mit dem im Bohrloch stehenden Wasser; der Schlamm wird entweder von Zeit zu Zeit durch einen Hohlzylinder mit löffelartigem Unterende entfernt, oder es wird Wasser auf die Sohle der Bohrung gepumpt, und dieses Wasser nimmt beim Aufsteigen den Bohrschlamm mit. — Solche Schlagbohrungen kannten die Chinesen schon vor 2000 Jahren und bohren heute noch damit über 1000 m tief auf Salzsole und Erdgas (Tseliutsin, Szetschwan); eine solche Bohrung dauert 10—12 Jahre, da lediglich Menschenkraft als Antrieb benutzt wird.

Das Bohrverfahren der Zukunft dürfte der Antrieb an der Bohrlochsohle sein, wie z. B. in der von dem russischen Ingenieur KAPPELJUSCHNIKOFF erfundenen Bohrturbine. Heute treiben wir ein Werkzeug durch einen bis 6 km weit entfernten Motor, und das Gewicht des verbindenden Stahlstabes allein erreicht die Festigkeitsgrenze gewöhnlichen Stahls — die verwendeten Legierungen haben achtmal größere Festigkeit.

Abb. 29. Schlagbohrungen im Doftana-Tal bei Câmpina, Rumänien. Hinter den Bohrtürmen, die dem Ein- und Ausfördern des Bohrgestänges und der Bohrrohre dienen, stehen die Häuschen mit den Maschinen-Anlagen.

Das moderne Bohrverfahren (Rotary) (Abb. 30) arbeitet schneller als die alten Verfahren und ist billiger, da es weniger Rohre braucht (die Verrohrung macht auch bei einer Rotary-Bohrung noch etwa $^1/_4$ der Gesamtkosten aus). In weichen Schichten und bei größeren Tiefen wirken sich die Vorteile des Rotary-Bohrens am stärksten aus, so daß das Rotary-Verfahren in allen tieferen Ölfeldern die anderen Verfahren völlig verdrängt hat. Alle tiefen Bohrungen sind Rotary-Bohrungen: die tiefste Bohrung der Welt (im Paloma Feld, Kalifornien) ist 6548 m tief, die tiefste Bohrung in Deutschland ist 3850 m tief. — Beim Rotary-Verfahren drehen die Motoren eine runde Scheibe (Drehtisch), die in der Mitte eine viereckige Öffnung hat; durch diese Öffnung geht ein vierkantiger hohler Stab (Mitnehmerstange), an den unten weitere hohle Stahl-

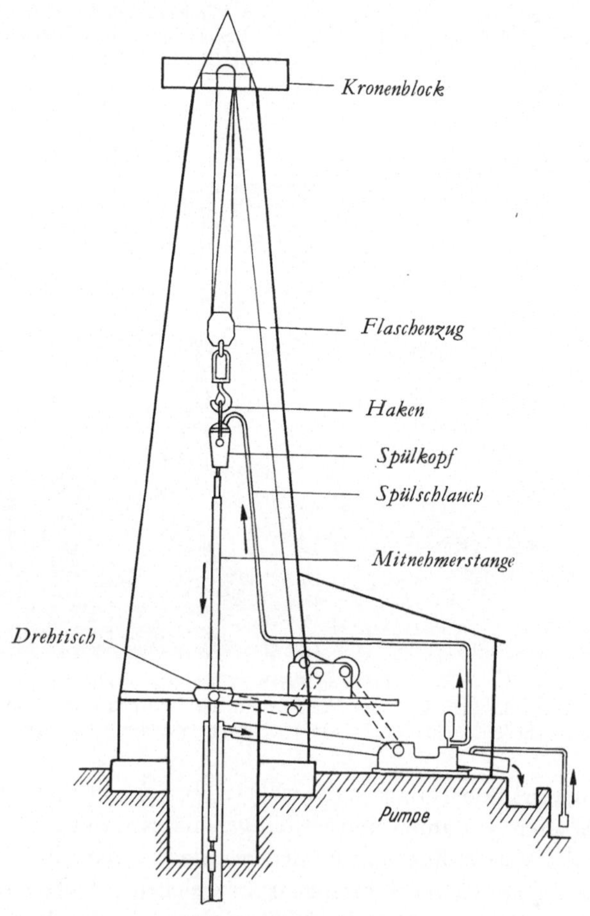

Abb. 30. Rotary-Bohranlage.

stangen (Gestänge) angeschraubt sind. Die unterste Stange trägt ein schweres Übersetzungsstück, an dem der Meißel hängt. Die älteste Meißelform ist die des Fischschwanzes (Abb. 31); später wurden andere Meißeltypen eingeführt: parabolische Formen, die der verschieden starken Abnutzung der verschieden rasch bewegten Teile (im Mittelpunkt findet nur eine Drehung statt) angepaßt sind; Meißel mit mehreren Kanten oder Schneiden, für hartes Gebirge Rollenmeißel, Zahnkegel, usw.

Um gerade zu bohren, ist es notwendig, daß der Schwerpunkt der Bohrgarnitur möglichst tief liegt, daher das schwere Übergangsstück (drill-collar); ferner darf das Gestänge nicht zu sehr auf dem Meißel lasten, da es sich sonst durchbiegt; endlich neigen Meißeltypen, deren Schneide senkrecht zum Gestänge läuft, am ehesten zu geraden Löchern.

Durch die Drehung des Drehtisches wird die Mitnehmerstange, und mit ihr das ganze Bohrgestänge, gedreht; die Zahl der Umdrehungen liegt zwischen 40 und 300 (versuchsweise bis 400) je Minute. Da der Meißel zunächst an der Sohle haftet, erfährt das Gestänge einen Drall, bis das Gestein, das den Meißel hält, bricht: dann schlägt der Meißel vor; dieses Spiel kann sich wiederholen; da gleichzeitig das Gestänge im Pumpenrhythmus länger und kürzer wird, arbeitet auch das Rotarybohren zum Teil schlagend und nicht ausschließlich spanabhebend. Wenn von einer „Spandicke“ (2 mm bei Ton, 0,02 mm bei Sandstein) gesprochen wird, so meint man damit den durchschnittlichen Bohrfortschritt je Umdrehung.

Die losgelösten Gesteinsbröckchen zerfallen entweder zu Schlamm oder bleiben als erbsen- bis pfenniggroße Stückchen erhalten. Sie werden von der Spülung aufgenommen und zu Tage gebracht.

Spülung. Die Spülung wird aus dem Mischbecken durch den Spülkopf in das Gestänge gepumpt. Der Spülkopf hängt am Flaschenzug, dieser am Kronenblock des Bohrturms. Im Spülkopf befindet sich die auf Rollen oder Kugellagern laufende Spülkopfspindel, die mit dem Gestänge fest verbunden ist; die Spülkopfspindel rotiert, der Spülkopf bleibt unbewegt. — Die Spülung geht durch den Hohlraum des Gestänges und tritt an der Bohrsohle durch die Spüllöcher des Meißels unter starkem Druck aus; in weichem Gebirge und bei entsprechend starken Pumpen „spritzt“ man sich den Weg durch das Gebirge. — Die Spülung steigt dann in dem Raum zwischen Gestänge und Bohrloch zu Tage, wo sie gereinigt (Siebe) und erneut gemischt wird. Die

Spülung besteht aus einer Mischung von Wasser und Ton. Diese Mischung ist schwerer als Wasser. Sie übt daher auf die Bohrlochwände einen stärkeren Druck aus, der, zusammen mit der Verkleisterung durch den Tonbrei, dem Einstürzen entgegenwirkt. Auch bleiben die Gesteinsteilchen in dem zähen Tonbrei besser schweben. Andererseits werden, wegen der Verkleisterung der Wände, schwache Ölschichten leicht unerkannt überbohrt; auch ist der Ölaustritt in das Bohrloch behindert, so daß bei der Aufnahme der Förderung Gegenmaßnahmen (Spülung mit Klarwasser oder Öl, mechanische oder chemische Verletzung der Kruste, usw.) nötig sind. Die Spülung muß so beschaffen sein, daß sie bei Druckunterschieden leicht fließt, beim Stehenbleiben aber gelatineartig erstarrt (Thixotropie, gel-forming). Wäre dies nicht der Fall, so würden bei einem Stillstand des Spülstromes die Gesteinsstückchen (cuttings) sich an der Bohrlochsohle absetzen und den Meißel umschließen, so daß weder der Meißel bewegt, noch durch seine Löcher gespült werden könnte. Nur wenige Tone führen das Mineral Montmorillonit, das die gesuchte Eigenschaft der Thixotropie in besonderem Maße besitzt, in genügender Menge.

Die sechseckigen Blättchen dieses Minerals bilden in der Spülung ein kartenhausähnliches Gerüst. An den Berührungspunkten haften die Blättchen fest aneinander. Man kann die Spülung einfrieren und das Wasser im Vakuum verdunsten lassen; das Kartenhaus bleibt stehen. Es umschließt 97—98% leeren Raum, läßt sich auf $^3/_4$ des Volumens elastisch zusammendrücken und dehnt sich danach wieder aus (Correns, Weiss u. a.).

Wichtig ist ferner die Zähigkeit (Viskosität) der Spülung, eine geringe Wasserabgabe an das Nebengestein (damit dieses nicht zum Quellen kommt), Krustenbildung (mud cake), um die Wände standfest zu halten, usw. Durch chemische Zusätze (gerbsaure Stoffe wie Quebracho; Phosphate; Cellulose-Abkömmlinge) sucht man die Eigenschaft der Spülung (Zähigkeit, Wasserverlust) zu verbessern.

Die Spülung soll auch den Inhalt der Schichten (Öl, Gas) zurückhalten, so daß sie nicht frei durch das Borloch ausbrechen. Da der Druck in den Schichten oft größer ist als der einer bis zu Tage reichenden Wassersäule, muß die Spülung schwerer als Wasser sein. Reicht die Zumischung von Ton nicht aus, so mischt man schwere Stoffe (Schwerspat, Eisenoxyd) zu. Auch wird am Bohrlochkopf eine Sicherungsvorrichtung (blowout preventer) angebracht, die gestattet, das arbeitende Gestänge gegen Druck bis zu 500 at abzudichten.

Gestänge und Meißel. Wenn das Bohrloch um eine Stangenlänge vertieft ist, wird eine weitere Stahlstange zwischen der Mitnehmerstange und dem bisher obersten Gestänge eingeschraubt. Oft muß aber das gesamte Gestänge herausgezogen werden, z. B. wenn man den beim Bohren stumpfgewordenen Meißel wechseln will. Auch wenn man an Stelle des gewöhnlichen Bohrmeißels einen Spezialmeißel oder den Kernnehmer (Kernrohr) verwenden will, muß das ganze Gestänge erst gezogen, dann wieder eingefahren werden. Um eine möglichst große Gestängelänge ziehen zu können, ohne sie auseinanderschrauben zu müssen, errichtet man über dem Bohrloch den hohen Bohrturm (Abb. 28, 29).

Um den Meißel in hartem Gestein lange scharf zu erhalten, besetzt man die Schneide mit harten Spezialstählen; der Preis einiger dieser Spezialstähle entspricht ihrem Gewicht in Gold. — Statt des spanabhebenden Meißels verwendet man vielfach einen Rollenmeißel aus mehreren Zahnkegeln oder schneidentragenden Zylindern (Abb. 31). Diese Kegel oder Zylinder sind oft so angeordnet, daß die Zähne oder Schneiden bei ihrem Umlauf zunächst über den Boden des Bohrloches gewälzt werden und dort das Gestein zerbrechen, bei der weiteren Umdrehung aber zwischen die vorspringenden Teile der Nachbarkegel oder Zylinder eingreifen; auf diese Weise wird das etwa zwischen den Vorsprüngen haftende Gestein entfernt. Hauptsächlich erfolgt die Reinigung durch den Spülstrom.

Kernbohrung. Da das beim Bohren zertrümmerte Gestein als Schlamm oder nur in kleinen Stückchen an die Oberfläche kommt, kann man die geologischen Schichten oft schwer wiedererkennen. Um größere Gesteinsstücke für die Untersuchung zu erhalten, bohrt man mit einem Kernrohr einen ringförmigen Hohlraum ins Gestein, und läßt in der Mitte des Bohrloches einen Gesteinszylinder (Kern) stehen. Dieser wird gebrochen und herausgezogen, und zeigt das unveränderte Gestein mit Versteinerungen, Lage der Schichtung, usw. (Abb. 31).

Um zu vermeiden, daß das rotierende Kernrohr den Kern zerreibt, baut man ein in Kugellagern laufendes inneres, stillstehendes Kernrohr ein. — Beim Ausfördern des Kerns dreht sich der Kernapparat mit dem Gestänge. Da es erwünscht ist, die Richtung festzustellen, in welcher die Schichten einfallen, versieht man den Kern mit Marken bekannter Orientierung (z. B. magnetisch Nord), indem man zweckmäßig gleichzeitig die Abweichung des Bohrloches vom Lot mittels eines Lotschreibers mißt. — Unter der Quarzlampe verraten sich auch geringe Öltränkungen, die für Auge und Nase nicht wahrnehmbar sind. — Kerne, die noch nach längerer Zeit von Öl triefen, sind ein schlechtes Zeichen (drucklose Lagerstätte). Kerne aus guten Lagerstätten zeigen frisch den Austritt von glitzernden Ölbläschen und werden bald trocken.

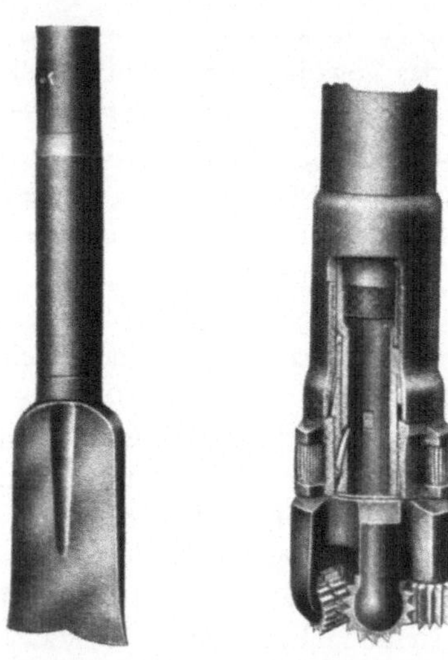

Abb. 31. Links Fischschwanz-Meißel, rechts DEAN-Kernbohrapparat.

Verrohrung. Um ein Einstürzen der Wände zu verhüten, verkleidet man die Bohrlöcher mit zusammengeschraubten Stahlrohren (Verrohrung, casing). Infolge der Reibung an den Wänden kann man solche Rohre nicht in unbegrenzt große Tiefen einführen, immerhin werden nicht selten 3000 m auf einmal verrohrt. Dann arbeitet man mit einem kleineren Bohrmeißel weiter; innerhalb des weiten Rohres lassen sich schmälere Rohre leicht weiter vorschieben. Trifft man beim Bohren Hohlräume, in die die Spülung verschwindet, so muß man diese absperren. Wenn man jedesmal eine Rohrtour absetzen wollte, wobei das Loch immer kleiner wird, bliebe bald kein Durchmesser übrig. Man preßt daher Zement in die Spalten des Gebirges, evtl. mit Stroh, Glimmer, oder quellenden Stoffen gemischt. Oder man führt Chemikalien ($SiCl_4$, $SbCl_3$) zu, die ausfallen, oder organische Kolloide, die bei Lagerstättentemperatur oder beim Zusammentreffen mit Wasser zähe Massen bilden.

Wassersperrung und Bohrlochuntersuchung. Trifft man beim Bohren Wasser, so muß man es absperren, ehe man das Öl fördern kann. Das Absperren des Wassers wird dadurch erzielt, daß man die Verrohrung durch Zement mit der Wand verbindet. An der Stelle des Ölsandes schießt man mit Miniatur-Geschützen (oder Apparaten nach dem System der Panzerfaust), die in einem im Bohrloch eingelassenen Zylinder radial angebracht sind, Löcher in die Verrohrung, durch die das Öl fließen kann. Die nötige genaue Kenntnis der Lage der Öl- und Wasserschichten erhält man durch elektrische Messungen (SCHLUMBERGER), die einerseits den elektrischen Widerstand der Schichten angeben (Salzwasser ist ein sehr guter Leiter, Öl ein sehr schlechter), andererseits einen Rückschluß auf die Porosität oder besser die Durchdringlichkeit (Permeabilität) der Schichten gestatten.

Auch Temperaturmessungen (die aus den Schichten ins Bohrloch tretenden Flüssigkeiten sind wärmer oder kälter als die Spülung, Gase kühlen sich bei der Ausdehnung ab) und Messungen des Gasgehaltes der Spülung während des Bohrens, geben gute Hilfsmittel zum Erkennen der Lage von Schichten, die Flüssigkeiten oder Gase abgeben. — Alle diese Diagramme bedürfen aber einer Einhängung in die geologische Schichtfolge, die wenigstens in einigen Standard-Sonden mit zahlreichen, gut untersuchten Kernen erfolgen muß. Die Charakterisierung der Schichten beruht in erster Linie auf ihrem Inhalt an Fossilien, besonders an Mikrofossilien (Abb. 25), die man infolge ihrer Kleinheit (meist 0,2—2,0 mm) weitaus häufiger und regelmäßiger als große Versteinerungen findet.

Förderung

Nun sei also die Öllagerstätte erreicht und die Förderung des Öls beginne.

Dichte Gesteine, wie Kalke und Sandsteine mit Kalkbindemittel, geben manchmal zunächst ihr Öl nur langsam ab. In solchem Fall versucht man größere und ausgedehntere Zufuhrkanäle zu schaffen, bzw. bestehende zu erweitern, indem man mit Salzsäure Kalk löst oder Zertrümmerungszonen im Gestein schafft. Dies kann entweder durch Explosionen (Torpedierung) geschehen, oder dadurch, daß man viskose Flüssigkeiten in das Gestein preßt, die dort beim Übergang in einen gelartigen Zustand sprengend wirken, und später unter der Einwirkung von Zusätzen oder nachgeschickten Flüssigkeiten wieder verflüssigt und entfernt werden (Hydrafrac).

Wenn der Druck in der Öllagerstätte groß und viel Gas vorhanden ist, wird das Öl im Bohrrohr bis über die Oberfläche getrieben; die Bohrung erumpiert mit einer Ölfontäne (Spritzer). Das Gas der Lagerstätte drückt das Öl kostenlos hoch; um es möglichst lange zu erhalten, läßt man die Bohrungen nur durch Düsen fließen. Bei ganz kleinen und bei sehr großen Düsen ist das Gas : Öl-Verhältnis größer als bei mittleren Drucken, die man experimentell ermittelt.

Künstliche Förderverfahren. Oft genügen Druck und Gas nicht, um das Öl in den weiten Bohrrohren hoch zu treiben. Daher hängt man in die Bohrung schmälere Steigrohre (tubing) und sperrt den Raum zwischen ihnen und der Verrohrung (casing) ab, um den Durchmesser und damit das Gesamtgewicht der Flüssigkeitssäule zu verringern. Fließt auch darin die Bohrung nicht von selbst, so drückt man Gas in den Ringhohlraum zwischen Verrohrung und Steigrohren ein; dieses Gas steigt dann in den Steigrohren mit dem Öl auf, erleichtert weiterhin das Gewicht der Flüssigkeitssäule im Steigrohr und reißt sie mit (Gaslift-Verfahren). Reichen Druck- und Gasgehalt der Lagerstätte auch hierzu nicht mehr aus, so muß das Öl gepumpt oder gelöffelt werden.

Ein einfaches Verfahren ist das *Kolben.* Am Gestänge hängt ein Hohlzylinder, der mit einer Gummipackung gegen die Verrohrung oder die Steigrohre drückt; am Boden des Hohlzylinders befindet sich ein Kugelventil. Beim Hub erfolgt ein Ansaugen. Dieses ruckweise Entleeren ist für die Lagerstätte nicht günstig, auch ist das Verfahren wegen der benötigten großen Kräfte verhältnismäßig teuer. — Man verwendet das Kolben meist, um in den ersten Förderstadien eine Bohrung zur Eruption zu veranlassen.

Normalerweise geht man bei druckarmen Bohrungen zum Pumpen über. Bei den *Gestängepumpen* bewegt sich das Pumpengestänge in den Steigrohren. Am unteren Ende der Steigrohre befindet sich ein Zylinder, unter diesem ein Siebrohr. Über dem

Siebrohr sitzt ein unteres Kugelventil. In dem Zylinder ist der Kolben beweglich, der ein oberes Kugelventil enthält. Der Kolben hängt am Pumpengestänge. Die stählernen Ventilkugeln werden durch Sand, der häufig mit dem Öl mitkommt, stark abgenutzt. Man versucht daher, Kugeln und Lager aus gesintertem Hartmetall (Vidia usw.) einzuführen, wobei aber wegen der Sprödigkeit des Hartmetalls die Lager gefedert sein müssen.

Übertags geht das Gestänge durch eine öldichte Stopfbüchse, unter der sich der Ölabfluß befindet. Das Gestänge hängt am Schwengel, der über Pleuelstange, Kurbelwelle und Riemenscheibe vom Motor (meist Gas- oder Elektromotor) angetrieben wird. Ein schweres Gegengewicht auf dem Schwengel oder der Kurbelwelle gleicht das Gestängegewicht aus. — Der Wirkungsgrad der Gestängepumpen ist bei größeren Tiefen recht schlecht. Da sich das Gestänge unter dem Gewicht der Ölsäule dehnt, entsteht ein Hubverlust. Die Beschleunigung der großen Masse Öl plus Gestänge erfordert viel Kraft. Infolge des häufigen Wechsels der Beschleunigung wird das Gestänge stark beansprucht. Diese Nachteile können gemildert werden, wenn man langsamer pumpt und den Hub verlängert.

Bei tiefen Bohrlöchern verwendet man *Tiefpumpen* (Kreiselpumpen usw.). Elektromotor und Pumpe befinden sich in einem zylindrischen Senkkörper, der unten an den Steigrohren befestigt ist. Die Stromzuführung erfolgt durch Kabel, die an den einzelnen Steigrohren befestigt und durch Steckdosen verbunden sind.

Sandreiche Bohrungen und solche, deren Ölzufluß für einen dauernden Pumpbetrieb nicht ausreicht, werden geschöpft. Der Schöpflöffel ist ein einfaches langes Rohr, dessen geschlossenes unteres Ende ein Ventil trägt, das einen nach unten vorragenden Zapfen besitzt. Durch Aufstoßen des Zapfens auf der Sohle öffnet sich das Ventil, das Öl strömt ein. Der Löffel wird an einem Seil, das auf einer Schöpftrommel aufgewickelt wird, zutage gezogen. Übertags wird er seitlich zu einem Becken geschwenkt und niedergelassen. Beim Aufstoßen strömt das Öl aus.

Natürliche Förderkräfte. Das Zuströmen des Öls zum Bohrloch kann bedingt werden 1. durch die Ausdehnung des Gases der Gaskappe oder im Öl, 2. durch das Vorrücken des Randwassers, 3. durch die Schwere. Wenn der Druck stärker fällt, fehlt nicht nur die Kraft, die das Öl kostenlos zutage treibt; unterhalb eines gewissen Druckes scheidet sich das gelöste Gas in Bläschen aus, wodurch einerseits das Öl selbst zähflüssig wird, andererseits die Ölhäute um die Gasblasen durch ihre Oberflächenspannung, besonders bei der Verformung der Gasblasen in Gesteinsporen, einen erheblichen Widerstand gegen das Fließen leisten. Man sucht daher möglichst wenig Gas je Einheit Öl zu fördern, und erreicht dies dadurch, daß man das Öl durch enge Düsen ausfließen läßt, so daß also am Bohrlochkopf noch ein experimentell ermittelter, günstiger Gegendruck (backpressure) besteht. Hierdurch erzielt man nicht nur ein günstiges Gas-Öl-Verhältnis, also ein langes Erhalten des natürlichen Gasvorrates, sondern auch eine gleichmäßigere Durchströmung der Lagerstätte, während sich bei raschem Entzug leicht entölte Kanäle und dichtere nichtentölte Partien bilden.

Erdölvorräte. Die Erdölvorräte der Welt sind viel kleiner, als etwa die Vorräte an Kohle und Eisen. In den USA halten Neuentdeckung von Ölfeldern und Abnahme der bekannten Reserven durch die Förderung einander ungefähr die Waage; dabei sind aber die Neuzugänge in von Jahr zu Jahr zunehmendem Maß kleine und kleinste Ölfelder (Russel). Die Geologen haben solange vor der kommenden Erschöpfung der Ölfelder gewarnt, daß man ihnen heute nicht mehr glaubt, weil Neuentdeckungen, wie die der arabischen Felder, alle Schätzungen über den Haufen geworfen haben. Heute gibt es aber nur mehr wenige Gebiete, in denen Neuentdeckungen großen Ausmaßes denkbar sind; die Schurftätigkeit in noch unerforschten Sediment-Becken bleibt in zunehmendem Maße erfolglos. Das heißt aber, daß in kurzer Zeit, wohl schon in 25—50 Jahren, die Förderung immer mehr auf weniger ergiebige Gebiete übergehen wird. Allerdings bleibt bei den heutigen Förderverfahren ein großer Teil des Erdöls in den Schichten; manches davon wird durch Sekundärverfahren (s. S. 151) oder später im Bergbau gefördert werden können, vieles aber liegt zu tief für die wirtschaftliche Möglichkeit des Bergbaues. Bei dieser Beschränktheit der Ölvorräte ist die Verpflichtung um so größer, mit dem Vorhandenen Haus zu halten.

Die Größe einer Erdöllagerstätte ist bedingt durch den „Schluß" ihrer geologischen Bauform, das ist durch die tiefsten Höhenschichtenlinien der ölführenden Schichten, die noch geschlossene Kurven bilden. Wieviel von dieser Fläche aber von Gas, Öl oder Wasser eingenommen wird, ist von Bauform zu Bauform verschieden, und hängt von der Intensität der Beanspruchung bei der Gebirgsbildung ab.

Zur Berechnung des nutzbaren Erdölvorrates einer Lagerstätte fehlen uns oft die Voraussetzungen. In festen Gesteinen kann man zwar den nutzbaren Porenraum (d. h. den Raum der zusammenhängenden Poren) experimentell bestimmen, in lockeren Sanden ist dies zur Zeit nicht einwandfrei möglich, wäre aber durch Gefrierung vor der Kernentnahme denkbar. Beispiele von Riesenporen (Waben- und Flockenstruktur) in Sandsteinen (Bradford) zeigen, daß großporige Strukturen auch bei Sanden vorkommen können. Eine mathematische Behandlung des Problems ist unmöglich, da die Sandkörner weder gleich groß, noch gleichgeformt, noch in regelmäßiger Weise angeordnet sind. Sande mit haarfeinen (kapillaren) Poren enthalten Wasser, auch wenn sie ölführend sind; nach amerikanischen Angaben sind 10—20% des Porenraumes von Wasser, meist 16—26% von Öl, der Rest von Gas erfüllt, doch kann dies kaum als Regel angesehen werden: im Bradfordsand mit seinen Riesenporen sind 40—46,5% des Porenraumes von Öl erfüllt; diese Verhältnisse sind von Ort zu Ort verschieden und ändern sich auch während der Ausbeutung. — In einigen erschöpften Ölfeldern ist durch Bergbau bekannt geworden, daß manche Ölsande ihren Ölinhalt praktisch vollkommen abgegeben haben; in anderen Fällen, und zwar besonders wenn der Gasdruck ursprünglich gering war oder durch unsinnige Förderung vernichtet wurde, blieb nachgewiesenermaßen der größte Teil des Ölvorrates in der Lagerstätte. Es bestehen also sowohl hinsichtlich der Größe des Reservoirs, als seiner Erfüllung und Abgabefähigkeit, in vielen Fällen erhebliche Unsicherheiten. Vorratsschätzungen werden daher am besten auf Produktionsabfall, Einflußzone der Förderbohrungen und auf die Produktion der Lagerstätte je Atmosphäre Druckabfall, aufgebaut.

Die Entölung der Lagerstätten hat zwei kritische Punkte; in dem Augenblick, in dem der Druck so weit gesunken ist, daß sich das im Öl gelöste Gas in Bläschen ausscheidet, nimmt die Zähigkeit (Viskosität) ruckartig zu; in dem Augenblick, in dem die Zähigkeit des Ölgasgemisches bei Druckabnahme unter Abgabe gelösten Gases größer wird als die Zähigkeit des Salzwassers (die von 0 bis 400 atü nahezu gleich bleibt), neigt das Wasser dazu, dem Öl vorauszueilen.

Gemeinschaftsarbeit. Eine Erdöllagerstätte ist eine Einheit und muß als solche abgebaut werden. — Als Bohrungsabstand wird der Abstand gewählt, in dem eine genügend rasche Entölung der Lagerstätte ohne allzu große gegenseitige Beeinflussung der Bohrungen erreicht wird. Die Abstände der Bohrungen werden meist auf der Karte (Horizontalprojektion) gleich groß genommen; man erreicht dadurch, daß sie in der Schicht dort weiter auseinanderrücken, wo die Schicht steiler liegt, also das Schweregefälle eine größere Rolle spielt. Das Öl ist unter den Lagerstättenbedingungen (Druck, Temperatur) selbst in Schichten mit Gaskappen meist nicht mit Gas gesättigt.

In der Nähe der Gaskappe ist der Gasgehalt höher als am Randwasser. Unter den Bedingungen tiefer gut abgedichteter Lagerstätten ist das gasreiche Öl zu Beginn der Produktion leichtflüssiger als das Wasser; es eilt also beim Fluß zu den Bohrungen dem Wasser voran. Bei der Druckabnahme und entsprechendem Gasentzug wird das Öl zähflüssiger als das Wasser, so daß dieses dann die Neigung hat, zungenförmig dem Öl zu den Bohrungen voranzueilen und abgeschlossene Ölinseln zurückzulassen. Würde es gelingen, durch dauernde Zufuhr von Gas oberhalb, und/oder von Wasser unterhalb, der Öllagerstätte die ursprünglichen Bedingungen zu erhalten, so würden die Bohrungen dauernd selbständig fließen; an Stelle der Fördereinrichtungen träten die Pumpen für das Einführen von Gas, und eine Wasserreinigungsanlage. Das im Öl gelöste Gas bliebe größtenteils in Lösung, das Öl bliebe leichtflüssig, maximale Ausbeute wäre gewährleistet. Die hierzu nötigen Gasmengen sind aber meist nicht verfügbar.

In neuerer Zeit hat sich unter den Erdölgesellschaften eine Gemeinschaftsarbeit so weit durchgesetzt, daß die Felder bzw. selbständigen Feldesteile nach einheitlichen Normen (Gegendruck, Gas : Öl-Verhältnis usw.) abgebaut werden, so daß der Lagerstättendruck und der natürliche Gasvorrat möglichst lange erhalten bleiben. Erste Voraussetzung jeder Gemeinschaftsarbeit ist der Austausch aller gemachten Erfahrungen: durch Geheimhaltung schadet man nicht nur dem Nachbar, sondern dem ganzen Feld und damit sich selbst.

Sekundärverfahren. Aufrechterhaltung der Lagerstätten-Energie, die das Öl den Bohrungen kostenlos zutreibt, ist Grundprinzip der Erdölgewinnung. Wenn zur Ausbeute eines Feldes nur die Lagerstätten-Energie zur Verfügung steht, bleibt meist ein beträchtlicher, oft ein großer Teil des Ölvorrates in der Tiefe zurück. Ein Teil dieser Vorräte kann durch Zuführung von Energie gewonnen werden (Sekundäre Förderverfahren). Zweckmäßig beginnt man mit dieser Zuführung möglichst frühzeitig. Es handelt sich dabei um Zuführung von Gas zur Aufrechterhaltung des Drucks; wo kein Erdgas vorhanden ist, nimmt man Industrie-Abgase oder Luft, die letztere hat aber den Nachteil, daß das wieder zu Tage kommende Gas-Luft-Gemisch explosibel sein kann, und daß der Sauerstoff der Luft zur Oxydierung und damit zum Zähwerden des Öls führt. Druckerhaltung hält Gas in Lösung, erhält niedrige Viskosität und Oberflächenspannung des Öls, verhindert das Vordringen des Wassers, und erhöht somit die Gesamtausbeute. — Während man das Gas von der Gaskappe aus einführt, kann man auf der Randwasserseite Wasser zuführen (Fluten) und so das Öl hochtreiben. Salzwasser gibt bei gleichen Drucken größere Injektionsmengen, benetzt auch die Gesteine besser als Süßwasser. Kohlensäurehaltiges Wasser wird bei Lagerstättendrucken von über 35 atü verwendet, wobei ein Ansteigen des Gehalts des Öls an ungesättigten Kohlenwasserstoffen beobachtet wurde. In gleichmäßig kleinporigen Gesteinen kann mit Fluten der doppelte Wirkungsgrad wie beim Gastrieb erzielt werden. — Bakterien sollen zur Kalklösung, Kohlensäure-Erzeugung und zur Ablösung des Erdölfilms von den Mineral-Oberflächen verwendet werden. Wärme, die übertags oder an der Bohrloch-Sohle erzeugt werden kann, führt zur Herabsetzung der Zähigkeit des Öls und zur Erhöhung der Gasspannung usw.

Reinigung und Transport. Das zutage geförderte Rohöl enthält noch Gas, Wasser und Sand oder Schlamm. Diese Stoffe werden größtenteils schon auf den Ölfeldern in Trenn-Tanks oder durch spezielle Verfahren (Aufbrechen von Emulsion durch Sandfilter, Erwärmen, Zusatz von Lösungsmitteln, elektrisch usw.) entfernt, weil sie Pumpen und Rohrleitungen angreifen würden. Restliche Verunreinigungen werden in den Raffinerien entfernt.

In den Trenn-Tanks (Separatoren) wird zu unterst etwa beigemischtes Wasser und Schlamm, zu oberst etwa vorhandenes Gas abgezogen. Das Öl wird dann zu den Sammeltanks des Ölfeldes und von da zu den Raffinerien verpumpt. Das Gas wird zum Teil zum Antrieb der Bohrmaschinen, Pumpen usw. verwendet, zum Teil geht es an die Raffinerien oder andere Verbrauchsstellen. Vor dem Verbrauch werden dem Gas die Dämpfe der flüssigen Kohlenwasserstoffe (Gasolin) entzogen; mancherorts werden auch die schwereren der gasförmigen KW (Propan, Butan) abgeschieden, unter hohem Druck verflüssigt und in Stahlflaschen als Flüssiggas verkauft.

Der Transport des Erdöls erfolgt meist in Rohrleitungen (pipe lines), in die das Erdöl mittels Pumpen eingepreßt wird. Paraffinöses Erdöl, das schon über dem Gefrierpunkt stockt, wird erwärmt. Paraffinausscheidungen an den Wandungen der Rohre werden durch ein zylindrisches Gerät mit Schabern (Molch, go-devil), das durch den Druck des Öls bewegt wird, abgekratzt; es ist daher nötig, die Leitungen bis zum Eruptionskopf der Bohrung so zu gestalten, daß der Molch durchlaufen kann.

Verarbeitung

Das Rohöl besteht aus einem Gemisch verschiedener flüssiger Kohlenwasserstoffe, in denen feste Stoffe (Paraffin, Asphalt) gelöst sind. In den Erdölraffinerien zerlegt man dieses Gemisch in Anteile, die zwischen bestimmten Grenzen sieden, indem man es erwärmt und die zwischen bestimmten Temperaturgrenzen verdampfenden Stoffe in einer Kühlvorlage verflüssigt und abzieht (fraktionierte Destillation). Die Leichtbenzine verdampfen bis 120^0 oder 150^0; die Schwerbenzine bis 200^0; Leuchtöl von da bis 270^0 oder 300^0; Dieselöl von rund 250^0 bis 350^0 oder 370^0; der Rest heißt Rückstand (Pâcura, Masut); er enthält z. B. Paraffin, Asphalt, Schmieröle.

Wiederholt sind Destillationsprodukte, die aus schadhaften Anlagen ausgelaufen waren, als Erdölfunde gemeldet worden. Wenn der Nachweis der handelsüblichen Siedegrenzen geliefert ist, so kann kein Naturöl vorliegen. — Naturbenzine enthalten noch genügend höhere Paraffine, um im Ultraviolettlicht weiß zu fluoreszieren. Destillierte Benzine fluoreszieren nicht im sichtbaren Bereich, die höher siedenden Destillationsprodukte fluoreszieren blau oder grün. Die leichten Anteile eines Erdöls können verdunstet sein, dann bleiben aber alle schweren Anteile bis zu denen mit den höchsten Siedepunkten erhalten.

Destillation. Ursprünglich verwendete man zur Verdampfung Kessel (Blasen); heute benutzt man Röhrenerhitzer (pipestills), in denen das Öl in viel kürzerer Zeit auf die gewünschte Temperatur gebracht wird, so daß unerwünschte Zersetzungen (Gas- und Koksbildung) unterdrückt werden. Bei der Verdampfung werden mit den leichten auch schwerere Anteile mitgerissen. Um zu einer besseren Trennung zu kommen, muß der Prozeß wiederholt werden. An die Röhrenöfen werden ein oder mehrere Fraktionstürme angeschlossen, welche durch Böden unterteilt sind. Diese Böden sind für den Gasdurchstrom durchlöchert, wobei der Boden an den Löchern kragenförmig hochgezogen ist; darüber sitzt eine Kappe (Glocke), so daß auf dem Boden Flüssigkeit stehen kann, das aufsteigende Gas aber zwischen Glocke und Kragen durch die Flüssigkeit durchgehen muß. Der von unten zuströmende Dampf verflüssigt sich auf den einzelnen Böden. Weiter zuströmender Dampf muß durch diese Flüssigkeit zwischen Glocke und Kragen durchperlen, wobei die Flüssigkeit erhitzt und der Dampf gekühlt wird; leichtsiedende Anteile der Flüssigkeit verdampfen, schwerer flüchtige Anteile des Dampfes verflüssigen. Auf jedem höheren Boden ist daher das Gemisch flüchtiger, am flüchtigsten am Kopf der Kolonne. Ein Teil dieser leichtesten Fraktion wird am Kopf als Rückfluß wieder eingeführt, da die Flüssigkeit auf den Böden sonst im Laufe der Zeit an flüchtigen Anteilen verarmen

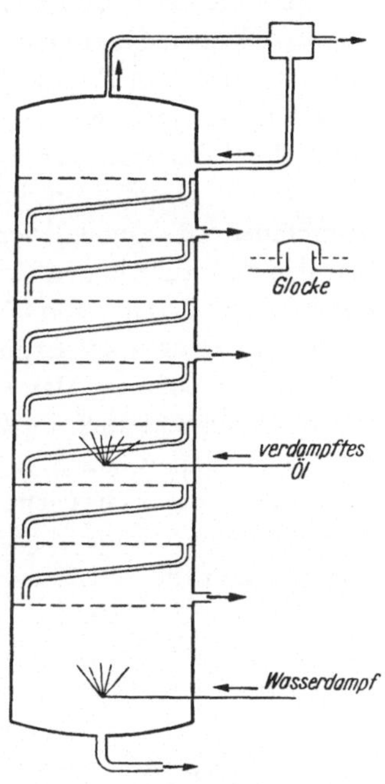

Abb. 32. Destillationsturm.

würde. Der Rückfluß strömt von oben nach unten unter Mitnahme von Flüssigkeit der Böden über die Böden zurück, und verliert dabei flüchtige Bestandteile. Die Böden sind durch Rohre verbunden, welche etwa von der linken Seite des oberen zur rechten Seite des unteren Bodens verlaufen, so daß der aufsteigende Dampf von Boden zu Boden stark verschiedene Flüssigkeiten antrifft. — Von den verschiedenen Böden und vom Kopf der Kolonne können die betreffenden Fraktionen laufend abgezogen werden (Abb. 32).

Bei niedrigerem Druck als dem gewöhnlichen Luftdruck verdampfen Flüssigkeiten schon bei niedrigeren Temperaturen. Auf dem Gipfel des Montblanc z. B. siedet das Wasser schon bei 84°. Um also die Destillation des Erdöls bei niedrigen Temperaturen vornehmen zu können, verringert man durch Abpumpen von Gas den Gasdruck in den Destillationsgefäßen. In ähnlicher Weise bewirkt ein Zusatz von Wasserdampf eine Herabsetzung der Siedetemperaturen des Erdöls.

Selektive Lösung. Man kann die Flüssigkeiten des natürlichen Rohöl-Gemisches auch in *der* Weise trennen, daß man Teile des Gemisches herauslöst. Man vermengt dazu das Rohöl mit einer Flüssigkeit, die sich leicht wieder vom Rohöl scheidet, z. B. flüssiges Schwefeldioxyd (Edeleanu-Verfahren), Phenol, Kresol, Furfurol und andere Lösungsmittel. Diese Lösungsmittel nehmen nur bestimmte Stoffe aus dem Rohöl auf. So nimmt flüssiges Schwefeldioxyd die aromatischen und andere kohlenstoffreiche (ungesättigte) Kohlenwasserstoffe auf und trennt diese dadurch von den Alkanen und Naphthenen.

Schmieröle. Aus dem Rückstand werden durch Destillation mit überhitztem Dampf, oder durch Lösungsmittel, die Schmieröle ausgezogen. Schmieröle sollen die reibenden Oberflächen fester Körper (Motorkolben) benetzen, durch einen Flüssigkeitsfilm trennen und dadurch die Reibung herabsetzen; sie sollen selbst eine geringe Zähigkeit (innere Reibung) besitzen, doch darf die Zähigkeit nicht *zu* gering sein, weil das Schmieröl von dem bewegten Teil mitgenommen werden soll. Diesen Bedingungen entsprechen auch Erdölbestandteile, die von chemisch aktiven Anteilen (Stoffen) gereinigt sind; es hat sich aber gezeigt, daß eine zu weitgehende Reinigung den Schmiereigenschaften schädlich ist. Solche Schmieröle werden nämlich durch hohen Druck von den Oberflächen weggepreßt; man verlangt daher in vielen Fällen ein Festhaften an der Oberfläche des festen Körpers. Hierfür sind polare Moleküle mit aktiven Gruppen (z. B. COOH) oder Doppelbindungen (C=C) geeignet. Solche Moleküle stehen von festen Oberflächen senkrecht ab wie elektrisierte Haare; weitere Moleküle werden in gleicher Weise ausgerichtet, wobei bimolekulare Schichten entstehen und zwar bis auf eine Entfernung von einigen Tausendstel Millimeter, d. i. das Tausendfache der Moleküllänge. Diese Schichten sind senkrecht zur Druckrichtung leicht gegeneinander verschiebbar (Schlüpfrigkeit).

Schmieröle sollen einen niedrigen Stockpunkt haben; man mußte sie daher früher vorwiegend aus Asphaltölen herstellen. Heute entfernt man aus Paraffinölen die leichtstockenden Paraffine durch Auskristallisation und Filtration. Schmieröle aus Paraffinölen haben eine bei Temperaturänderungen weniger veränderliche Zähigkeit als solche aus Asphaltölen und sind diesen daher überlegen, weil beim Anlaufen der Maschinen und Motore meist andere Temperaturen herrschen als im Betrieb, während die Ansprüche an die Schmierung gleich bleiben.

Öle, die wiederholt mit Metalloberflächen in Verbindung gebracht werden, verlieren an diese die schmierenden Bestandteile. Das Restöl gewinnt beim Stehen an der Luft einen Teil seiner Schmierfähigkeit wieder; hierbei ist der Sauerstoff der wirksame Bestandteil der Luft, da beim Stehen unter Stickstoff diese Erneuerung nicht eintritt. Diese Erneuerung geht noch bei so niederen Temperaturen vor sich, daß hierbei nur winzige Mengen von Oxyden gebildet werden können; die Oxyde sind daher wohl hauptsächlich als Anregungsstoffe bei der Bildung der schmierwirksamen Moleküle tätig.

Es ist wahrscheinlich, daß die verschiedenen oben gestellten Bedingungen von verschiedenen Molekülen erfüllt werden. Die Natur dieser Moleküle bedarf weiteren Studiums.

Zur Entfärbung des Öls wird starke Schwefelsäure verwendet, deren Überschuß mit Soda neutralisiert wird. Ferner kann man das Öl bzw. seine Fraktionen auch von schweren färbenden Bestandteilen reinigen, indem man es filtriert. Man verwendet hierzu Filtriererden (Bleicherden), die sich mit den färbenden Stoffen beladen und das Öl hell oder farblos durchlassen.

Spaltprozeß. Da heute von allen Ölfraktionen am meisten Nachfrage nach Benzin herrscht, bemüht man sich die Benzinausbeute möglichst hoch zu gestalten. Man dampft also zunächst das im Rohöl enthaltene Benzin ab („Toppen"); das sind meist 10—30% des Rohöls, in Extremfällen nichts oder auch 70 und mehr Prozent. Der benzinfreie Rest wird dann unter Luftabschluß, eventuell zusammen mit bestimmten Anregestoffen (Katalysatoren), erhitzt. Dabei spalten sich die Kohlenwasserstoffe in der Weise, daß ein Teil Wasserstoff abgibt, der andere Teil Wasserstoff aufnimmt. In dem wasserstoffaufnehmenden Teil findet sich nun wieder ein höherer Hundertsatz Benzin, der wasserstoffabspaltende Teil wird zum Teil zu Schweröl oder Koks. Diesen Spaltvorgang nennt man meist englisch „Cracking" (Krackprozeß).

Beim Spalten entstehen unter anderem ungesättigte Kohlenwasserstoffe, die sehr begierig sind, Verbindungen einzugehen. In Spaltbenzinen bilden sich auf diese Weise leicht feste Harze, wobei sauerstoffhaltige Verbindungen als Anregestoffe für die Polymerisierung (Bildung großer Moleküle) wirken.

Beim Spaltvorgang wird einem Teil des Öls der Wasserstoff entzogen, der dem anderen Teil zugeführt wird. Es liegt nun nahe, dem Öl Wasserstoff in irgendeiner Form zuzuführen, so daß etwa das ganze Öl in Benzine übergeführt werden könnte. Das geschieht in den Hydrierverfahren, die den Verfahren der Kohlehydrierung entsprechen. Unter Hitze und Druck nimmt das Öl in Gegenwart gewisser Anregestoffe Wasserstoff auf, und bildet sich dabei zu leichteren Ölen um.

Manche Erdgase, besonders solche aus ölführenden Schichten, enthalten Benzindämpfe, die durch Kondensation (Verdichtung oder Abkühlung), Adsorption an Aktivkohle oder Absorption in Öl abgeschieden werden; das so gewonnene Naturbenzin hat gute Klopffestigkeit. — Die schwersten gasförmigen Kohlenwasserstoffe, Propan und Butan, werden unter Druck verflüssigt, in Stahlflaschen gefüllt und als „Flüssiggas" in den Handel gebracht. — Nunmehr versucht man, die Gasmoleküle (unter Abspaltung von Wasserstoff) zu vereinigen, so daß sich schwerere, flüssige Kohlenwasserstoffe bilden. Man arbeitet bei verschieden hohen Drucken und Temperaturen in Gegenwart von Anregestoffen. Das Verfahren ist besonders für die beim Spaltprozeß abfallenden Gase durchgebildet.

Einerseits bemüht man sich also, auf verschiedene Weise die Benzinerzeugung zu erhöhen, andererseits aber gehen die Bestrebungen dahin, Motore statt mit Benzin mit Schwerölen zu treiben. Letzteres hat den Vorteil erhöhter Betriebssicherheit wegen der geringen Feuergefährlichkeit des Treibstoffes, und außerdem den Vorteil geringeren Treibstoffgewichtes für eine bestimmte Leistung.

Ausblick. Die Destillation von Ölschiefern und der Erdölbergbau werden an Bedeutung um so mehr steigen, je weiter der Abbau der großen und reichen Erdöllagerstätten fortschreitet. Die ölarmen Länder versuchen zum Teil bereits heute, ihren Treibstoffbedarf mit Gasen, durch Hydrierung von Kohlen, durch Destillieren von Holzabfällen usw. zu decken. Wenn also auch der heute herrschende billige Abbau von Erdöl in absehbarer Zeit ein Ende hat, so braucht doch deswegen keine Knappheit an Treibstoffen einzutreten. In den ölreichen Ländern, wie in den Vereinigten Staaten, wird allerdings dann der Ölpreis stark steigen. Damit wird die Forschung und die Ölsuche wiederum neuen Antrieb erhalten. In erdölarmen Ländern müssen wir schon heute alles versuchen, um die Bodenschätze an Erdöl, Erdgas und bituminösen Gesteinen nach Lage, Menge und Beschaffenheit kennenzulernen und möglichst rationell auszunützen. Eine genaue Kenntnis der Entstehung der Bitumina ist nötig, um die öl- und gasführenden Gebiete zu finden und unnütze Bohrungen in hoffnungslosen Gegenden oder in hoffnungslose Tiefen zu vermeiden. Eine bessere Kenntnis der Bildungsbedingungen der Bitumina kann vielleicht zu neuen Fabrikationswegen führen, wenn wir mit Hilfe der Anregungsstoffe der modernen Chemie diese Umbildungen, zu denen die Natur lange Zeiträume benötigt hat, in kurzer Zeit durchführen können.

Die Erdölwirtschaft arbeitet nicht nur mit einem selbst im Bergbau ungewöhnlich hohen Risiko, sie muß auch einen hohen Teil ihrer Einnahmen zur Verbesserung der Lagerstättenbedingungen verwenden, so daß ein immer größerer Anteil des Lagerstätteninhaltes tatsächlich gewonnen wird. Ein Teil der Einnahmen muß für Forschungen ausgegeben werden, um neue Such-, Aufschluß- und Fördermethoden zu finden. Auch die Erforschung der Ölbildung, der wir einen großen Teil dieses Büchleins gewidmet haben, wird für die Praxis von Nutzen sein.

Zeittafel der Erdgeschichte

Erdalter	Periode	Formation	Herrschaft von am Land	Herrschaft von im Meer	Erstes Auftreten von
Känozoikum oder Neuzeit der Erde	Quartär	Alluv (Gegenwart)	Laubtragende Blütenpflanzen, Säugetiere und Vögel	Knochenfische und Säugetiere	
		Diluv (Eiszeit)			Mensch
	Tertiär (Braunkohlenzeit)	Pliozän			
		Miozän			
		Oligozän			
		Eozän			
		Paleozän			Alle höheren Säugetiere
Mesozoikum oder Mittelalter der Erde	Kreidezeit	Senon	Blütenlose Pflanzen und Nacktsamer. Saurier	Saurier und Ammoniten	Laubtragende Blütenpflanzen
		Wealden			
	Jura	Malm			Vögel
		Dogger			
		Lias			
	Trias	Rhät			
		Keuper			
		Muschelkalk			
		Buntsandstein			Säugetiere
Paläozoikum oder Altertum der Erde	Perm		Verwandte der Farne, Bärlappe, Schachtelhalme, Lurche und Insekten	Armfüßler, Goniatiten	
	Karbon (Steinkohlenzeit)				Reptilien
	Devon				Lurche
	Silur		Nur spärliche Reste von Landlebewesen	Graptolith., Dreilappenkrebse, Orthocerasverwandte, urtüml. Fische	
	Ordoviz				
	Kambrium				Fische
Urzeit der Erde: Eozoikum			Alle Stämme der wirbellosen Tiere sind bereits vertreten		
Urzeit der Erde: Archaikum			Schwer deutbare Reste von Lebewesen		

Von einer „Sternzeit der Erde“, oder einer „ersten Erstarrungskruste“, ist der Geologie nichts bekannt. Schon zu den ältesten Zeiten, von denen Gesteine erhalten sind, waren die Verhältnisse auf der Erdoberfläche im wesentlichen dieselben wie heute, d. h. das Klima lag zwischen Eiszeit und Tropenhitze.

V. Schriften

ARCHANGELSKI, A.: Die Entstehungsbedingungen des Erdöls im nördlichen Kaukasus. Erdölind. d. Sowjetunion, Moskau 1927.

BRANDT, K., u. E. RABIEN: Zur Kenntnis der chemischen Zusammensetzung des Planktons. Wiss. Meeresuntersuch. N. F. **19**, Abt. Kiel 1920.

BORRMANN, W.: Moderne Erdölverarbeitung. Frankenberg/Eder: Verlag Gernot-Hykel 1951.

BRONGERSMA-SANDERS, M.: The importance of upwelling water. Verh. Kon. Ned. Akad. v. Wetensch. Natuurk. **45**, 4. Amsterdam 1948.

CLOOS, H.: Einführung in die Geologie.

EMILIANI, C., and G. EDWARDS: Tertiary Ocean Bottom Temperatures. Nature **171**, 887 (1953).

FABER, W., u. K. KREJCI-GRAF: Zur Frage des geologischen Vorkommens organischer Kalkverbindungen. Min. Petr. Mitt. **48**, 305. Leipzig 1936.

FALKE, H.: Das Fischsterben in der Bucht von Concepción. Senckenbergiana **31**, 57 (1950).

GOLDSCHMIDT, V., K. KREJCI-GRAF u. H. WITTE: Spurenmetalle in Sedimenten. Nachr. Akad. Wiss. Göttingen, math. phys. Kl. **35**, 1948.

GOUBEAU, J., u. L. BIRCKENBACH: Untersuchung des Edelmetallgehaltes von Kalisalzlagerstätten. Z. anorg. chem. **236**, 37—44 (1938).

JENSEN, P. B.: Studies concerning the organic matter of the sea bottom. Rep. Dan. biol. stat. **22**. Kopenhagen 1915.

KREJCI-GRAF, K.: Die rumänischen Erdöllagerstätten. Schr. Brennstoff-Geol. **1**. Stuttgart 1929.

— Grundfragen der Erdölgeologie. Schr. Brennstoff-Geol. **4**, 49. Stuttgart 1930.

— Heutige Meeresablagerungen. Kali **29**, 147 (1935).

— u. TH. LEIPERT: Bromgehalte ... Z. prakt. Geol. **44**, 117 (1936).

LANDERGREN, ST.: Contribution to the Geochemistry of Boron. Arkiv Kemi **19**, 26. Stockholm 1945.

MARINESCU, CR.: Die Verteilung von Gas, Öl und Wasser in den neuen Ölfeldern Südrumäniens. Braunkohlenarchiv **52**, 61. Halle 1939.

MAYER-GÜRR, A.: Grundfragen der Erdölförderung. Berlin 1944.

MOOS, A.: Zur Bildung der europäischen Erdöllagerstätten. Petroleum **27**, 716. Wien 1931.

PETRASCHEK, W., u. B. WILSER: Über den Wassergehalt und die Verfestigung von Tongesteinen. Berg. Hüttenm. Jahrb. **74**, 57 (1926).

— Deckentektonik in den Nordkarpaten. Z. deutsch. geol. Ges. **80**, 316 (1928).

POTONIE, R.: Die Nomenklatur der Unterwasser-Ablagerungen. Jahrb. Preuß. Geol. Landesanstalt **58**, 426 (1938).

RAUPACH, F. v.: Die rezente Sedimentation im Schwarzen Meer. Geologie **1**, 78. Berlin 1952.

ROGERS, G. S.: Chemical relations of the oilfield waters in San Joaquin Valley, California. U. S. Geol. Surv. Bull. **653**. Washington 1917.

RÜHL, W.: Entölung von Erdöllagerstätten durch Sekundärverfahren. Beih. Geol. Jahrb. **4**, 1952.

RUSSEL, W. L.: Principles of Petroleum Geology. 41. New York 1951.

SCHMIDT, H.: Die bionomische Einteilung der fossilen Meeresböden. Fortschr. Geol. Pal. **12**, 38. Berlin 1935.

SCHOTT, G.: Geographie des Indischen und Stillen Ozeans. Hamburg 1935.

SCHUH, F.: Salztektonik. Kali **16**, 1 u. 17. Halle 1922.

STAHMER, A. M.: Erdölvorkommen der Welt. Shell-Bücherei.

Strachov, N. M.: On the importance of the hydrogen-sulfide basins ... Izw. akad. nauk SSSR **20**, 5, 891. Moskau 1937.
Strøm, K. M.: Landlocked waters. Norsk. vidensk. akad. Mat. nat. Kl. **7**. Oslo 1936.
— A concentration of Uranium in Black Muds. Nature **162**, 922 (1948).
Tolwinski, K.: Boryslaw. Serv. géol. Karp. Bul. **22**. Warschau 1937.
Trask, P. D.: Origin and environment of source sediments of petrole. Housten 1932.
— and H. W. Patnode: Source Beds of Petroleum. Amer. Assoc. Petrol. Geo. Tulsa 1942.
Wasmund, E.: Bitumen, Sapropel und Gyttja. Geol. Fören. Förh. **52**, 315. Stockholm 1930.
Wiontzek, K. H.: Die Suche nach Erdöl. — Erdöl fördern und bohren. Shell-Bücherei.
Wolansky, D.: Untersuchungen über die Sedimentationsverhältnisse des Schwarzen Meeres. Geol. Rundschau **24**, 397 (1933).

VI. Erklärung von Fachausdrücken

Adsorbieren: Manche Stoffe haben die Eigenschaft, an ihrer Oberfläche andere Stoffe anzulagern und festzuhalten. So nehmen Seide, Wolle oder Leinen manche Farbstoffe aus Lösungen auf und halten sie fest. In ähnlicher Weise kann Ton aus Wasser oder Öl manche Stoffe aufnehmen und festhalten; diesen Vorgang nennt man Adsorption (Anlagerung).

Alkane: Grenzkohlenwasserstoffe, die wasserstoffreichsten Kohlenwasserstoffe, Formel C_nH_{2n+2}; hierzu Methan und die Paraffine.

Anhydrit ist wasserfreier Gips, wie er z. B. beim „Totbrennen" des Gipses entsteht. Aus eindampfendem Meerwasser scheidet sich Anhydrit ab, der erst später durch Aufnahme von Kristallwasser unter Volumvermehrung in Gips übergeht. Als Folge dieser Volumvermehrung finden wir heute derartige Gipsschichten oft gefältelt (Quellfaltung).

Aromaten: Ringförmige Kohlenwasserstoffe mit 6 C-Atomen, wie Benzol, bei denen infolge einer gleichmäßigen Bindung über den ganzen Ring jedes C-Atom mit seinen Nachbarn durch 1½ Valenzen gebunden erscheint.

Atome sind die kleinstmöglichen Teilchen der chemischen Grundstoffe, welche noch die chemischen Eigenschaften der Grundstoffe besitzen. Sie sind die Bestandteile der chemischen Verbindungen, der Moleküle.

Autotroph nennt man jene Pflanzen, die ihren Körper aus anorganischen Stoffen (Luft, Wasser, Salzen) aufbauen können; sie bilden die Grundlage des Lebens aller Pilze und Tiere, denn diese sind auf organische Nahrung angewiesen.

Bitumen: Organische Stoffe der Erdölverwandtschaft (Kohlenwasserstoffe und Verbindungen von Kohlenwasserstoffen mit Sauerstoff, Schwefel od. dgl.). Festes Bitumen ist großenteils in Chloroform, Benzol, Alkohol, Phenol, Kresol usw. löslich; durch Destillation kann man aus festem Bitumen ölartige Stoffe gewinnen.

Chemische Symbole geben die Zusammensetzung der Moleküle aus Atomen an. Jedes Symbol steht für ein Atom, wenn nicht eine rechts unten angefügte Zahl angibt, für wieviele Atome es steht. — C = Kohlenstoff, H = Wasserstoff, N = Stickstoff, O = Sauerstoff, S = Schwefel, H_2S = Schwefelwasserstoff.

Dehydrierung: Entzug von Wasserstoff.

Dolomit ist ein kalkartiges Mineral, dessen Moleküle aus je einem Teil Calcium-Carbonat und Magnesium-Carbonat zusammengesetzt sind; Dolomit ist also ein „Doppelsalz". Während Kalk mit kalter Salzsäure „braust", d. h. stürmisch Kohlendioxyd entwickelt, geschieht beim Dolomit diese Gasentwicklung nur bei Verwendung heißer Säure.

Dy: Humusstoffe, die durch Flüsse den Seen zugeführt werden und sich in den Seen als Gallerte ablagern.

Eiweißstoffe: Verbindungen von Kohlenstoff mit Wasserstoff, Stickstoff und Sauerstoff, und oft auch mit Phosphor, Schwefel u. a.

Elemente (chemische Grundstoffe) sind Stoffe, die durch chemische Vorgänge nicht in einfachere Stoffe zerlegt werden können.

Fazies: Die ursprüngliche Ausbildung einer Ablagerung und die Verhältnisse des Ablagerungsraumes, die wir aus Gestein, Schichtung und Versteinerungen ablesen.

Flöz ist ein bergmännischer Ausdruck für „Schicht", der meistens auf Kohleschichten („Kohlenflöze") angewendet wird.

Geochemie: Die Lehre von der Verteilung der chemischen Stoffe auf der Erde und von den Ursachen dieser Verteilung, also von den Stoffwanderungen bei den geologischen Vorgängen des Vulkanismus, der Verwitterung usw.

Hydrate sind Verbindungen von Wasserstoff und Sauerstoff (im Verhältnis 2:1) mit anderen Elementen.

Hydrieren: Einführen von Wasserstoff in chemische Verbindungen. Auf diese Weise kann man aus Kohlen oder festem Bitumen flüssige Treibstoffe (z. B. Benzin) herstellen.

Isotope: Atome gleicher elektrischer Kernladung (und daher gleichen chemischen Verhaltens) aber verschiedener Massenzahl (Atomgewichts).

Kohlehydrate sind Verbindungen von Kohlenstoff: Wasserstoff: Sauerstoff z. B. im Verhältnis 1:2:1 Atome (z. B. Zucker, Stärke).

Kohlensäure (richtig: Kohlendioxyd) besteht aus je einem Atom Kohlenstoff auf 2 Atome Sauerstoff. Durch Zusammentritt mit Wasser bildet sich die eigentliche Kohlensäure, die aber für sich allein nicht bestandfähig ist. Jedoch sind sehr zahlreiche und wichtige Verbindungen bekannt, die von dieser Säure abgeleitet werden können: z. B. kohlensaures Calcium = Kalk. Die Verbindungen der Kohlensäure heißen Carbonate.

Kreß = orangefarbig.

Lignin ist ein kompliziert gebauter Pflanzenstoff, dessen Zusammensetzung noch nicht geklärt ist. Es soll etwa 64% Kohlenstoff, 5,5% Wasserstoff, 30,5% Sauerstoff enthalten.

Magma heißen die feurig-flüssigen Gesteine der Erdtiefe, die z. B. in den Vulkanen als „Lava" ausströmen.

Moleküle sind die kleinstmöglichen Teilchen eines chemisch einheitlichen Stoffes, welche noch dieselben chemischen Eigenschaften wie der Stoff selbst aufweisen. Moleküle bestehen meist aus mehreren Atomen.

Naphthene: Gesättigte ringförmige Kohlenwasserstoffe mit 5 bis 6 C-Atomen;

Nitrate sind Verbindungen von Stickstoff und Sauerstoff mit anderen Elementen (Kalium-Nitrat = Kalisalpeter).

Organische Verbindungen nennen wir die Verbindungen des Kohlenstoffes; denn die meisten dieser Verbindungen entstehen in der Natur ausschließlich in den Lebewesen (Organismen).

Oxyd: Verbindung mit Sauerstoff; oxydieren = sich mit Sauerstoff verbinden.

Polymerisation: Vereinigung zweier oder mehrerer gleichartiger Moleküle zur Bildung von Großmolekülen.

Polysaccharide sind (z. B. stärkeartige) Stoffe, die man sich durch den Zusammenschluß vieler (poly) zuckerartiger Stoffe (Zucker = Saccharos) entstanden denken kann.

Raumgewicht: Das Gewicht der Raumeinheit eines Körpers einschließlich seiner Hohlräume, Verunreinigungen usw.

Salze sind Verbindungen, welche entstehen, wenn der Wasserstoff einer Säure durch Metall ersetzt wird.

Sauerstoff bildet dem Gewicht nach acht Neuntel des Wassers, dem Raummaß nach ein Fünftel der Luft. Die Tiere und die meisten Pflanzen brauchen Sauerstoff zum Atmen. Die Verbindungen des Sauerstoffes heißen Oxyde.

Sekundärverfahren = sekundäre Förderverfahren: Zuführung von Energie (Wärme, Druck durch Einpressen von Wasser, Gas usw.) in die Lagerstätte, um mehr Öl zu gewinnen als mit Hilfe der natürlichen Lagerstättenenergie förderbar ist.

Stickstoff bildet dem Raummaß nach vier Fünftel der Luft. Er ist ein wichtiger Bestandteil der Eiweiß-Stoffe.

Valenz: Elektrische Kräfte, durch welche zwei oder mehrere Atome zusammengehalten werden.

„*Versteinert*" (= fossil) nennt der Geologe alle aus der geologischen Vorzeit erhaltenen Reste, sowohl die Ablagerungen, als die Reste der Lebewesen. Diese Reste müssen dabei keineswegs zu „Stein" geworden sein. Die eiszeitlichen Mammutleichen im sibirischen Eis sind mit Haut und Haar, Fleisch und Blut, erhalten und gelten genau so als versteinert (fossil) wie das Eis, das sie enthält (siehe Zittel, Grundzüge der Paläontologie, S. 1). „Versteinert" bezeichnet daher nur das geologische Alter (vor der geologischen Jetztzeit, d. i. dem Alluv). Dagegen bedeutet „verkalkt", „verkieselt" usw. eine Durchdringung oder einen Ersatz der betreffenden Stoffe mit Kalk, Kieselstoff usw.

Versteinerung: Erhaltener Rest eines Lebewesens der geologischen Vorzeit; muß nicht zu „Stein" geworden sein (siehe „versteinert").

Wasserstoff bildet dem Gewicht nach ein Neuntel des Wassers. Es ist das leichteste Gas. Wasserstoff ist ein wesentlicher Bestandteil aller Säuren.

Watten heißen die großen Flächen vor der deutschen Nordseeküste, die bei Ebbe trocken fallen und bei Flut überflutet werden.

Sachverzeichnis